浙西地区山地蔬菜轻简绿色高效生产与病虫害防治技术

夏　秋　江德权　王宏航　毛土有　主编

中国农业科学技术出版社

图书在版编目（CIP）数据

浙西地区山地蔬菜轻简绿色高效生产与病虫害防治技术／夏秋等主编．--北京：中国农业科学技术出版社，2022.7

ISBN 978-7-5116-5667-4

Ⅰ.①浙… Ⅱ.①夏… Ⅲ.①山地-蔬菜园艺②山地-蔬菜-病虫害防治 Ⅳ.①S63②S436.3

中国版本图书馆 CIP 数据核字（2021）第 275221 号

责任编辑 王惟萍
责任校对 马广洋
责任印制 姜义伟 王思文

出 版 者 中国农业科学技术出版社
北京市中关村南大街 12 号 邮编：100081
电 话 (010)82106643(编辑室) (010)82109702(发行部)
(010)82109709(读者服务部)
网 址 http://www.castp.cn
经 销 者 全国各地新华书店
印 刷 者 北京捷迅佳彩印刷有限公司
开 本 170 mm×240 mm 1/16
印 张 10
字 数 180 千字
版 次 2022 年 7 月第 1 版 2022 年 7 月第 1 次印刷
定 价 47.60 元

《浙西地区山地蔬菜轻简绿色高效生产与病虫害防治技术》

编委会

前　言

我们一日三餐离不开蔬菜，蔬菜生产关系国计民生。浙江省衢州市位于浙江省西部、钱塘江源头、浙闽赣皖四省边际，是浙江的重要生态屏障、国家级生态示范区，属亚热带季风气候区，四季分明、光热充足、降水充沛、气温适中，适合蔬菜等作物生长发育，蔬菜产业是全市农业的主导产业，其中山地蔬菜规模产量占据了近三分之一，为乡村振兴产业兴旺做出了重要贡献。近年来，随着衢州市五水共治生态建设的不断深入，全市自然生态环境更加优美，山地蔬菜知名度提高、优势明显，各类商业资本和经济主体纷纷加入山地蔬菜生产的行列，招商引资的大型企业也都投资建设山地蔬菜规模基地，迫切需要加强山地蔬菜生产技术宣传示范推广。

本书分五部分阐述和介绍山地蔬菜生产技术，第一章介绍当前领先的蔬菜轻简生产技术的技术原理和要点事项，第二章介绍从全市生产实践中总结提炼的成熟的蔬菜绿色生产技术，第三章介绍社会经济生态等综合效益突出的各类高效生产模式，第四章介绍常见病虫害及防治方法，第五部分附录介绍了有关山地蔬菜的地方标准。参与本书编写的作者来自蔬菜产业管理、生产技术推广和生产经营等第一线，书的内容丰富、资料翔实，可操作可复制，对促进山地蔬菜轻简、绿色、高效发展，加快先进技术推广应用，保障蔬菜有序供给，推动蔬菜产业高质量发展，具有较好的实践指导意义。本书图文并茂，通俗易懂，可供从事蔬菜产业的生产、教学、管理和技术推广人员阅读参考。

本书在编写过程中得到浙江省农业农村厅农业技术推广中心、衢州市农业农村局的大力支持，收到省市蔬菜专家的宝贵意见，得到衢州市蔬菜系统科技人员的帮助，在此表示衷心的感谢！

由于编者水平和经验有限，书中难免有疏漏之处，敬请读者批评指正。

编　者

2022 年 6 月

目　录

第一章　轻简生产技术

第一节　蔬菜集约化育苗技术

一、技术概述

蔬菜集约化育苗技术采用穴盘等育苗容器，配套专用育苗基质和播种机、催芽室、温湿度调控等设施设备，采取综合管理措施，集中工厂化专业化培育蔬菜秧苗，具有操作简便、省工省力、节约种子、秧苗健壮等优点，是提高育苗效率和抗灾能力、增加产量效益、促进蔬菜规模化标准化生产的重要手段之一。育苗是蔬菜栽培的重要环节，优质壮苗为蔬菜丰产优质栽培提供良好的基础，随着蔬菜产业的发展和蔬菜生产对优质种苗需求量的增加，集约化育苗技术得到较快应用和推广，目前在西瓜、茄果类蔬菜上广泛应用。

二、技术要点

1. 基质与穴盘的选用

以直接选用商品化育苗基质为宜，如自配基质或购买的商品基质存放时间较长、受潮、不清洁，使用前应进行消毒处理。根据蔬菜种类、秧苗大小、苗龄长短等因素适当选择穴盘规格，并与播种机、移栽机等相配。

2. 种子处理与播种

依据品种特性、育苗条件、嫁接方法、嫁接季节等确定播种期。种子播种前做好浸种、药剂处理，基质提前预湿与装盘，播种后用蛭石等覆盖。

3. 苗期综合管理

科学调控温度、湿度、光照等条件，严防秧苗徒长。遇阴雨天气尽可能多见光，必要时人工补光，并结合湿度调控和水分供应控制徒长。加强苗期病虫害防治，合理施肥施药。

4. 嫁接育苗

选择适宜的嫁接方法，配备愈合室，加强嫁接苗培育管理，提高嫁接成活率。

5. 成苗

适当控制苗龄，培育适龄壮苗。秧苗出圃前1周左右进行炼苗，增强幼苗对大田环境的适应性。

三、注意事项

（1）严格控制苗床病虫害，合理安排成苗期。

（2）低温期秧苗长途运输时要做好保温防寒工作。

第二节　蔬菜水肥一体化技术

一、技术概述

根据不同蔬菜种类品种、不同栽培方式与目标产量、不同生长发育阶段的肥水需求规律，制订平衡灌溉施肥方案，在合理施足基肥基础上，采用微灌系统进行灌水、追肥的一项水肥管理技术，也称水肥同灌技术。水肥一体化技术借助压力灌溉系统，通过文丘里施肥器、比例施肥器、配肥桶等不同施肥设备，能适时适量、均匀准确地向作物根系生长区域输送氮、磷、钾等元素不同配比的肥水，满足作物生长需要，可节水节肥、省工省力，提高产量品质，实现提质增效。该技术在西瓜、甜瓜、草莓、番茄等作物上大面积推广应用，已取得显著的经济、社会和生态效益。

二、技术要点

1. 设备安装

包括首部灌溉设备、过滤器、施肥装置、控制系统、输水管网、滴灌管（带）及微喷头等。采用自来水等清洁水源的，宜配反冲洗碟片过滤器；采用河水、沟水等自然状态下水源的，需配置反冲洗沙滤器、碟片过滤器2套设备。配置水泵变频控制系统，可以有效防止管道压力过高，对整体设备和管路都能起到很好的保护作用。水泵流量和施肥量与管理面积有关，一般25 m^3/h、50 m^3/h、100 m^3/h 流量分别适合管理20~50亩（1亩≈667 m^2，15亩=1 hm^2）、50~200

亩、200 亩以上面积。

2. 肥料选择与配制

宜选择溶解速度快、溶解度高、养分含量高的水溶性肥料。常用的有含氮、磷、钾的大量元素水溶肥料，以有机物发酵或水解液为基液，配制含钙、镁、铁等中微量元素水溶肥料及含氨基酸、腐殖酸等有机水溶肥料。形成适合不同作物、不同生长阶段应用的专用型液体配方肥。

3. 施肥方案及灌溉施肥

根据不同作物、生育期及目标产量，制订平衡施肥方案，开展肥料选择与配制，通过滴管或喷灌系统追肥，采用清水-肥水-清水三段式流程进行，以水带肥、少量多次。如大棚番茄等果菜类，在定植后及第 1 穗花坐果前，宜追施高氮或平衡型水溶肥，坐果膨大后追施高钾型及含氨基酸等水溶肥，每隔 7~10 d 1 次，每次每亩用量为 2~3 kg，根据采收期追施 5~8 次。

三、注意事项

科学合理选型，水泵流量、过滤器过水流量和注肥泵施肥量应与管理面积相匹配。定期检查维护系统设备，及时维修易损件，确保系统正常运行。灌后及时冲洗管道，定期清洗过滤器，防止滴灌管孔和喷头堵塞。冬季来临前应适时排水，防止结冰爆管。

第三节　设施蔬菜连作障碍生态防控技术

一、技术概述

设施蔬菜连作障碍生态防控技术针对设施栽培连作所造成的土壤酸化、次生盐渍化、病原菌大量积累等土壤障碍问题，通过高温闷棚、高温淹水闷棚、土壤修复剂处理、施用抗病促生微生物菌剂及生物有机肥等，减轻土壤盐渍化、调整土壤 pH、消杀土壤中的病原菌、增强土壤抗性，有效防控连作障碍造成的土传病害发生和蔬菜减产。在设施蔬菜基地的番茄、辣椒、茄子、草莓、黄瓜、甜瓜等多种作物上示范推广 10 万亩以上，取得了良好的示范应用效果。

二、技术要点

以土壤生态修复为例。该技术主要基于生物强化还原土壤生态修复技术，是一种采用生物质与微生物联合强化作用的生态处理技术，从改善土壤生态环境出发，减轻土传病害，增加蔬菜产量，达到防控连作障碍的作用。

1. 修复剂与土壤均匀混合

针对设施连作障碍地块，将 1 t/亩土壤生态修复剂均匀撒在土壤表面，然后采用旋耕机将耕层土壤旋耕疏松破碎成细小颗粒，并使修复剂与土壤混合均匀。

2. 土壤充分浸水，薄膜覆盖严实

采用浇灌、滴灌或者漫灌使耕层土壤达到最大饱和含水量后，马上将土壤表面用塑料薄膜覆盖严实，防止透气。

3. 覆膜处理，排水透气

维持薄膜覆盖处理一定时间，处理结束后，揭开薄膜，排水透气后即可用于耕种。种植期间可不再施用有机肥，减少化肥用量 20%。

三、注意事项

土壤生态修复处理应选择农闲期的空闲地块；处理一般在 4—10 月进行，浸水后所需覆膜处理时间根据环境温度进行适当调整，温度在 15～20 ℃应在 20 d 以上，20～35 ℃需要 15～20 d，35 ℃以上需要 10～15 d，温度低于 10 ℃不利于土壤生态修复处理。

第四节　大棚草莓优质清洁栽培技术

一、技术概述

大棚草莓优质清洁栽培技术集成应用土壤改良、健壮栽培、清洁管理与病虫害绿色防控等措施，减少农药使用，提高草莓质量安全水平，改善草莓生产采摘环境，减少烂果，保障草莓产量和品质。当地生产、就近销售是近年浙江省草莓发展的一种主要模式，观光采摘、定点购买、电商直销等方式已成为消费者的首选。大棚草莓优质清洁栽培技术可应对草莓消费新诉求，满足消费者对品质的需求。

二、技术要点

指通过集成应用土壤改良、健壮栽培、清洁管理与病虫害绿色防控等措施，保障草莓产量、品质和质量安全的一种草莓栽培技术。

1. 土壤改良

采取灌水浸田，太阳热能或使用石灰氮、棉隆消毒，消减草莓地连作障碍；增施有机肥、枯草芽孢杆菌等有益菌肥，改良园地土壤。

2. 健壮栽培

培育与采用无病壮苗；适时定植，前期施均衡型肥，结果期施高钾型肥，合理打叶整枝、疏花疏果，保持植株营养生长与开花结果平衡；放养蜜蜂，科学调控棚内光照、温湿度，提高果实品质与产量。

3. 清洁管理

保持园区整洁，集中深埋或装袋病老叶；实施全园覆盖，降低湿度；铺地膜后采用肥水一体化技术，保持地膜干净或坐果后畦两边垫上白网，减少烂果，防止上壤污染果实。

4. 病虫害绿色防控

定植后至开花前，仔细防治病虫害，降低病虫基数；开花结果期使用黄板/蓝板、性诱剂，释放捕食螨、异色瓢虫防治叶螨和蚜虫，必要时选用高效低毒农药，对症适期防治，严格把控农药安全间隔期。

5. 产品质量管控

采前进行自检或委托检测，实施农产品合格证制度；适时采收，做到卫生采摘、分级、包装。

三、注意事项

（1）垫网栽培，畦高要求 30 cm 以上。

（2）沟内铺膜要等到 11 月中下旬后，此期棚内湿度低容易诱发叶螨为害。

（3）11 月垫网后，滴灌补水要适量，以防沟中滞水。

第五节　大棚番茄高品质栽培技术

一、技术概述

针对大棚番茄生产中土壤连作障碍严重，果实硬度高、口感风味不佳等现状，集成应用优质品种、嫁接育苗、土壤消毒、植株调整、水肥合理调控、病虫害综合防控等措施，减少化肥农药使用，提高番茄果实品质，满足消费者对高品质番茄的需求。

二、技术要点

1. 品种选择

根据市场需求和消费习惯，选择风味品质佳、外观商品性好、抗病抗逆性强的优良番茄品种；粉红果品种可选择天禄一号、惠福、浙粉712、浙粉716等，大红果品种可选择巴菲特、奥美拉1618等，樱桃番茄品种可选择浙樱粉1号、黄妃、红风铃、凤珠等，水果番茄可选择桃星、光辉101、本味、酸甜果等。

2. 培育壮苗

采用穴盘+商品基质育苗，连作地采用嫁接育苗，根据品种特性，确定接穗与砧木的最佳播种时间，选用浙砧7号、浙砧1号、爱好等砧木进行嫁接，培育优质秧苗。

3. 土壤处理

番茄栽培宜选择弱碱性至微酸性土壤；对连作障碍严重的土壤采取水旱轮作、高温闷棚、水浸洗盐、药剂消毒、土壤修复等措施，可配合每亩撒施50~100 kg生石灰等。

4. 增施有机肥

采用全层深施法，重施基肥，施肥后翻耕做畦；根据土壤肥力水平亩施商品有机肥800~1 000 kg、45%三元复合肥（15-15-15）30~40 kg、钙镁磷肥20~30 kg、K_2SO_4 25 kg、硼肥2~3 kg。

5. 适时定植

双行种植，株距35~45 cm，亩栽1 800~2 200株；定植前先铺上地膜，定植后用土封严穴口，不可将嫁接口埋入土中，及时浇点根水。

6. 植株调整

加强温湿度管理，采用单干整枝，及时做好搭架、打杈、引蔓、绑蔓等工作；推荐熊蜂授粉，必要时应用防落素点花保果，适时疏花疏果，留果不能贪多。进入冬季后合理适时闭棚通风，温度下降后采取多层覆盖保温，必要时增温补光，防止低温冻害。

7. 水肥运筹

结合灌水进行追肥，采用膜下滴灌施肥方式，少量多次，推荐使用水溶性肥。第一穗果坐住及时追肥，施高钾型肥（如10-5-35+Te），每15~20 d施1次，施7~8次，每次5~7 kg/亩。旺长田要控水控氮，增施含腐殖酸浓缩沼液肥，配施含钙、镁、硼等中微量元素的叶面肥，促花、壮花、促坐果，防止筋腐病、脐腐病等生理性病害发生，提高果实风味。采收前适当控制水分，保持土壤水分均衡、偏干状态，切忌忽干忽湿。

8. 病虫害综合防治

注意大棚通风降湿，应用黄板、防虫网、诱虫灯等物理防治技术，利用高效低毒农药对症适期防治，严格把控农药安全间隔期。

9. 适时采收

根据运输距离、市场需求而及时采收，分级整理后上市。

三、注意事项

（1）过度控水容易引起脐腐病的发生，应注意喷施高钙叶面肥。

（2）果实开始转色后切忌大水漫灌。

第六节　瓠瓜高品质栽培技术

一、技术概述

针对浙江省蔬菜总量充裕、城镇居民对蔬菜产品品质提出更高要求的现实需求，集成应用新品种、嫁接育苗、严格控制植物生长调节剂浓度和配方施肥等措施，减少农药使用，提高产品品质。应用该技术可避免瓠瓜苦味果的产生，明显提高瓠瓜果实品质。

二、技术要点

1. 品种选择

选择外观商品性好、鲜味浓、口感品质佳、丰产性好、耐热性强的新品种，如浙蒲9号。

2. 嫁接育苗

选用经高温消毒杀菌处理的种子适期播种，采用思壮 12 号等砧木、顶插接法嫁接育苗。

3. 配方施肥

在分析土壤肥力水平的基础上，根据不同栽培季节，亩施蚕沙商品有机肥 1 000~1 500 kg、45%三元复合肥 30~50 kg、钙镁磷肥 30~50 kg、K_2SO_4 10~20 kg、硼肥 2~3 kg 作为基肥，撒施和沟施相结合。

4. 严格控制氯吡脲辅助坐果浓度

植株生长环境最高气温<15 ℃时，9 mL 氯吡脲加水 0.5 kg；最高气温 15~25 ℃时，9 mL 氯吡脲加水 1.0 kg；最高气温≥25 ℃时，9 mL 氯吡脲加水 1.5~2.0 kg，不得随意提高浓度，以免苦味果产生。

5. 疏花疏果

根据搭架方式不同，单株留果 2~5 个为宜，及时疏除多余的幼果和畸形果，防止养分流失。

6. 及时追肥

开花坐果后薄水勤灌，坐果前视植株生长势每亩追施尿素 5 kg 或复合肥 10 kg；第 1 批果迅速膨大时追 1 次高钾低氮复合肥；始收后每采收 2~3 次瓜追施 1 次高钾低氮复合肥，追施量 8~10 kg/亩。

7. 及时采收

1—2 月坐果后 15~20 d 可采收，高温期坐果 7~12 d 可采收，分级后上市。

8. 病虫害防治

应用综合防治技术，及早预防白粉病、病毒病和枯萎病等病害，防治蚜虫、烟粉虱、瓜绢螟和斜纹夜蛾等害虫。应用高温杀菌、温汤浸种等种子处理方法，杜绝种传病虫害；夏季采用高温闷棚等土壤消毒方法防治土传病害；及时采用色板、性诱剂等诱捕害虫，以减少农药使用。

三、注意事项

（1）花粉发育良好时尽量采用人工辅助授粉。

（2）合理使用高效低毒低残留化学农药，严格执行安全间隔期。

（3）果实采收后冷藏可明显延长产品保存期。

第七节　大棚厚皮甜瓜高品质栽培技术

一、技术概述

大棚厚皮甜瓜高品质栽培技术集成应用高品质品种、栽培地块选择、土壤消毒、植株调整、促进坐果、肥水管理、病虫害综合防控、适期采收等措施，提升大棚厚皮甜瓜品质。目前厚皮甜瓜生产上存在品种杂乱、土壤连作障碍严重、病虫害多发等问题，加之一些产区为追求早熟而过早栽培、使用过高氯吡脲浓度以及采收生瓜等现象导致甜瓜品质不高，市场竞争力下降。该技术可有效解决上述问题，显著提高果实品质，满足消费者对高品质甜瓜的需求。

二、技术要点

1. 选择优良品种，培育优质秧苗

根据市场需求和消费习惯，选择优质高产的品种，如玉姑、东方蜜、浙甜401、翠雪7号、甬甜5号等。根据品种特性及栽培方式，确定最佳播种时间。采用穴盘+商品基质育苗或采用消毒的营养土块育苗，提倡利用抗病甜瓜砧木品种进行嫁接育苗。

2. 选择适宜地块，并严格土壤消毒

宜选择弱碱性至微酸性土壤栽培；采用水旱轮作或高温季节灌水闷棚，配合每亩撒施50~100 kg生石灰等土壤消毒方法。

3. 科学肥水管理

亩施腐熟菜籽饼肥300~400 kg或生物菌肥500~600 kg，三元复合肥25~30 kg，磷肥25 kg，硼肥2 kg；坐果后利用滴灌追施高钾水溶肥；生长后期结合防病，叶面喷施0.2%的磷酸二氢钾及微量元素。

4. 合理植株调整，促进坐果

早熟爬地双蔓栽培，4~5叶摘心，选留2个健壮子蔓，第1批结果节位8~10节，第2批18~20节；单蔓立架栽培结果节位12~15节。保证每蔓1果。利用蜜蜂授粉或0.1%氯吡脲均匀喷子房坐果，温度低于17 ℃时，10 mL加水1 kg；18~24 ℃时加水1.5~2.5 kg，25~30 ℃加水2.5~4 kg。

5. 病虫害综合防治

应用黄板、防虫网等物理防治虫害；深沟高畦栽培、严格地膜覆盖，通过多层覆盖、通风降低棚内湿度；利用高效低毒农药对症适期防治，严格把控农药安全间隔期。

6. 适时采收，严格控制产品质量

根据果实发育期及坐果日期，推算成熟度，当果实达到九成熟时及时采收。

三、注意事项

（1）阴雨天不整枝，防止蔓枯病发生。

（2）果实膨大期后，控制肥水防止裂瓜。

第八节 设施茭白绿色高效栽培技术

一、技术概述

茭白是浙西衢州市的主要水生蔬菜，茭白产业基础良好，但生产中仍然存在种苗质量不够稳定、中后期产量高效益差、病虫害多发等问题。设施茭白绿色高效栽培技术集成双季茭白品种选择、种苗繁育、实用设施、温湿度管理、肥水管理、病虫害绿色防控及采收等措施，促进茭白提早采收、提质增效，化肥农药减量约 30%，亩产值 1.2 万~2 万元，可有效破解产业中存在的主要问题。

二、技术要点

1. 选择优良品种，培育优质秧苗

根据市场需求和熟期搭配，选择优质高产品种。通过夏季选择孕茭苗、秋季采集薹管育苗，提高种苗纯度。

2. 设施类型

选择简易地膜覆盖或钢架大棚双层膜覆盖模式，茭白采收期可分别提早约 7 d、30 d。

3. 整地施肥

6 月中旬，亩施腐熟有机肥 1 000 kg，生石灰 50 kg；移栽前 2 d，亩施复合肥 50 kg，硼锌肥 1.5 kg，翻耕 20 cm，耙细，整平。

4. 适时定植

早中迟品种，分别于 7 月初、7 月中旬、7 月底完成定植，行距 1 m，株距 45 cm。

5. 秋季田间管理

定植后 1 周，田间保持 20 cm 水层护苗，成活后亩施尿素 10 kg；半个月后，保持 10 cm 水层，亩施复合肥 20 kg；9 月以后，田间保持干干湿湿；70%茭墩孕茭后，亩施复合肥 25 kg 促进孕茭。

6. 田间清理，施足基肥

12 月中旬齐泥割茬；1 月上旬，灌薄水，亩施腐熟菜籽饼肥 300 kg，复合肥 25 kg。

7. 及时盖膜，加强温湿度管理

大棚，1 月上中旬覆盖；萌芽后，棚内温度高于 25 ℃，掀边膜通风降温降湿；气温稳定在 20 ℃以上，揭去棚膜。简易覆膜，1 月下旬覆膜，覆盖前每隔 60 cm 打孔，孔径 0. 6 cm；苗高 25 cm 揭膜。

8. 春夏季田间管理

苗高 30 cm 间苗，每墩留苗 25 株，亩施尿素 10 kg；苗高 40～60 cm 定苗，留苗 20 株/墩，亩施复合肥 15 kg；定苗前，田间保持 5～10 cm 水层；定苗后，干干湿湿直至孕茭；5%茭白采收后，亩施复合肥 25 kg。

9. 及时采收，分级上市

10. 病虫害绿色防控

盛苗期后，田间适时搁田，促进植株健壮生长；苗期喷施嘧菌酯预防病害，孕茭前 1 个月，喷施代森锰锌预防病害；蚜虫、飞虱，以黄板诱杀为主；螟虫以性诱剂和灭虫灯诱杀为主，孵化后 1 周，选用印楝素或苏云金杆菌防治 1 次。

三、注意事项

孕茭前半个月至采收期，禁止使用农药。

第九节　早熟田藕绿色高效栽培技术

一、技术概述

早熟田藕绿色高效栽培技术集成早熟田藕露地及设施栽培的品种选择、高密度种植、肥水管理、绿色防控等措施，实现种植 1 次，连收 2 次，亩产值 1.0 万~1.5 万元，亩增收益 0.5 万元以上，有效破解田藕品质差、效益低等产业瓶颈。

二、技术要点

1. 田块选择，精细整理

选择近 3 年未种植莲藕、排灌方便、光照充足的田块，移栽前 1 周，每亩施腐熟有机肥 1 000 kg，生石灰 50 kg，复合肥 50 kg，灌水深耕 20 cm。

2. 品种选择，高密度定植

选择东河早藕、飘花藕等入泥浅、熟期早、品质优的田藕品种，日平均气温稳定在 13 ℃以上，采用大棚或简易薄膜覆盖，及时高密度定植，行距 1 m，株距 0.4~0.6 m，入土深 10 cm 左右。

3. 设施栽培温度管理

采用大棚或简易地膜覆盖，可以进一步发挥品种的早熟优势，提高种植效益。大棚模式，浮叶期密封保温；立叶抽生后，棚内温度高于 30 ℃，及时通风降温；室外气温稳定通过 23 ℃揭膜。简易地膜覆盖，叶尖顶膜时及时破膜，4 月上旬完全揭膜。

4. 肥水管理

第 1 片立叶展叶期，亩施尿素 10 kg，封行前亩施复合肥 30 kg。浮叶期保持 5 cm 水位，立叶生长期 10 cm 水位，结藕期 5 cm 水位。

5. 夏藕采收，秋藕管理

终止叶抽生后 10~25 d，根据市场行情适时采收夏藕上市销售，并留下子藕做种。采收结束后，亩施尿素 15 kg、复合肥 30 kg。其他肥水管理参考夏藕。

6. 病虫害绿色防控

该模式病害极少，重点抓好虫害绿色防治。地下害虫及福寿螺，每亩施用20 kg茶籽壳粉防治；蚜虫以黄板诱杀为主；斜纹夜蛾以性诱剂和灭虫灯诱杀为主，3龄前幼虫可交替选用0.3%印楝素乳油800倍液或苏云金杆菌100亿活芽孢/g可湿性粉剂2 000倍液，在16:00后叶片正反面喷雾防治。

三、注意事项

合理轮作，减轻病害；3—4月如遇5 ℃以下低温寒潮，灌深水护苗，以不淹没立叶为限；严防周围田块含有除草剂的水源流入藕田。

第十节　大棚早春苦瓜高产栽培技术

一、技术概述

大棚早春苦瓜高产栽培技术主要解决苦瓜优质种苗的生产技术，应用苦瓜嫁接育苗技术与高产苦瓜品种，在不减少产量的基础上可降低苦瓜种植密度，减少农户种苗成本；解决配套穴盘育苗的大棚架式栽培，提出大棚苦瓜优质高效栽培模式，实现苦瓜产业的转型升级；解决新发虫害防治技术难题，提高苦瓜的产量和品质，提升产品竞争力，为生产安全的农产品提供保障。

二、技术要点

1. 培育壮苗

苦瓜种子壳厚而坚硬，用钳子磕开种脐处的壳，装入纱布袋或尼龙网袋，45 ℃温水中不断搅动，水温降至30 ℃后，停止搅拌，继续浸种4~5 h。后放入塑料袋中扎好密封，放入恒温箱中28~30 ℃催芽。一般催芽2~3 d可全部露白，播入穴盘，里外双层薄膜保温覆盖，有条件可以铺设电热温床，保持棚内温度白天24~26 ℃，夜间18~20 ℃。待砧木真叶展开进行嫁接，嫁接后移入小拱棚或愈合室内养护7~10 d至完全成活。定植之前炼苗5~7 d，选晴暖天气，结合浇水，施0.3%的复合水溶肥，增加通风，降低温度。实生苗育苗壮苗措施同嫁接苗。

2. 适合架式

早春大棚栽培定植在2月下旬至3月上旬，选择晴天及时定植。可采用双膜覆盖，即设施内定植后加盖小拱棚，可提高土温 3~4 ℃，有利于壮苗早发。单行定植，每穴 1 株，株距 1.5~1.8 cm，密度 185~220 株/亩。苦瓜引蔓搭架可采用人字架、篱架、拱架，从基部算起，1 m 以下侧蔓摘除，上架后引侧蔓于架子两侧。早春大棚内授粉媒介少，坐果需人工辅助授粉。8:00—10:00摘取雄花进行授粉，1 朵雄花授粉不超过 3 朵雌花。生长中期以后，枝蔓挂果多，植株逐渐覆盖，生长受限，及时摘除密闭和细弱的侧枝、黄叶、病叶。在苦瓜藤蔓生长旺盛阶段也可保证通风透光均匀，增加植株的生长空间。

3. 做好病虫害防治

苦瓜虫害主要有蚜虫、斜纹夜蛾、烟粉虱、瓜实蝇等害虫。发生初期可采用人工捕杀等措施或采用银灰色地膜、防虫网驱避害虫。采用杀虫灯、昆虫性诱剂、色板诱杀害虫。大棚通风用 20~25 目的防虫网密封，阻止蚜虫迁入。中后期推荐采用生物防治，保护与利用寄生蜂、七星瓢虫、蜘蛛等天敌，采用金龟子绿僵菌、苦参碱等或种植诱集植物进行防治。蚜虫可用 70%吡虫啉可湿性粉剂 5 000倍液喷雾防治；烟粉虱可使用 22%螺虫乙酯 · 噻虫啉悬浮剂 750~1 000倍液喷雾防治；瓜实蝇可用 1.8%阿维菌素乳油 2 000~3 000倍液或 2.5%溴氰菊酯乳油 3 000倍液喷雾防治。斜纹夜蛾可使用 20%氯虫苯甲酰胺悬浮剂 2 000~3 000倍液喷施防治。苦瓜病害主要为白粉病、霜霉病、细菌性角斑病等。白粉病可用 25%乙嘧酚悬浮剂 1 000倍液喷雾防治，霜霉病可用 722 g/L 的霜霉威盐酸盐水剂 750 倍液喷雾防治，细菌性角斑病可用 33.5%喹啉铜悬浮剂 1 000~2 000倍液喷雾防治。

三、注意事项

嫁接苗定植注意栽培深度，嫁接口需高于土壤；栽培架式的选择应根据设施大棚环境、定植期由当地种植习惯来确定；大棚多通风，降低环境湿度，减少病害发生，春夏注意瓜实蝇的为害，及时防控，减少损失。

第十一节　蔬菜机械化移栽技术

一、技术概述

蔬菜机械化移栽技术是一项系统性集成技术，包括精量播种、集约化育苗、田块整理、移栽定植和栽后灌溉等多个技术环节。移栽定植又分半自动钵苗移栽和全自动移栽2种方式，半自动钵苗移栽通常采用人工送苗方式，全自动移栽则是自动取苗、无须人工送苗。蔬菜移栽是目前浙江省蔬菜生产机械化的关键薄弱环节，蔬菜机械化移栽技术推广有利于降低劳动强度，节省人工成本，促进蔬菜产业规模化发展。目前，蔬菜机械化移栽技术已在部分露天蔬菜、设施蔬菜中逐步推广。

二、技术要点

1. 精量播种

推荐气吸式精量播种流水线播种，采用铺土→压穴→播种→覆土→淋水流程，保证播种精度和质量。主要穴盘规格：72孔、98孔、105孔、128孔等，视不同蔬菜品种和农艺要求而定。育苗基质宜采用专用营养土，覆上材料应使用保水性、透水性、通气性好、适于发芽的蛭石材料。播种后将穴盘叠放在催芽室恒温催芽2~3 d，待2/3左右种子发芽后，及时将穴盘排放在育苗床上育苗。

2. 集约化育苗

育苗质量是机械移栽定植的关键所在。采用设施栽培方式育苗，控温、控湿、控水，防徒长高脚苗，适合机械移栽的种苗应有良好的植株形态和旺盛发达的根系，盘根性好，从苗盘中易取出而不散。合格的移栽苗茎秆粗壮无弯曲，植株高度8~15 cm，叶数3~4叶，叶色深，无落叶、无黄叶，苗位处孔穴中心。

3. 田块整理

使用旋耕机、起垄机等作业，垄宽符合移栽机要求，竖沟、腰沟符合农艺要求，但要确保移栽机通过。建议田块整理时同步施基肥。移栽垄面应充分碎土平整，泥块小于4 cm，抓取田块土壤手捏成松散的团状自由落地后土团细碎散开为宜。作业面不湿滑。

4. 移栽定植

可在大田、大棚内及垄上、膜上移植，根据种植户生产条件选择全自动、半自动移栽机，一般行距、株距均可调，满足农艺要求。作业流程：镇土→取苗→开孔→落苗→覆土。移栽后检查漏栽情况，可人工补苗。

5. 栽后灌溉

栽后灌溉对于提高成活率非常关键。栽后应适量浇水，保持土壤湿润状态，促进根系着根生长。大雨过后要及时排水，防止田间积水。棚内推荐使用微喷灌或水肥一体化设施浇水；大田推荐使用微喷带高效喷灌技术，根据田块大小和灌溉首部压力、喷幅设计微喷带安装方案，保证喷灌雾化质量、无死角。

三、注意事项

按不同蔬菜品种选择使用合适的穴盘规格，注意育苗过程中的控温、控湿与控水，田块整理要符合移栽要求，保证移栽机能通过。移栽定植时注意操作安全与行进速度。大田移栽遇持续晴好、干旱天气时，栽后及时浇水，酌情增加喷灌次数。

第十二节　蜜蜂授粉技术

一、技术要点

关键是优选蜜蜂品种，合理放置蜂箱。中蜂适合长季节栽培授粉，意蜂耐热性好，适合短期授粉。科学调控温湿度，蜜蜂要在适宜的温湿度条件下工作，要防止高温对蜂群产生危害。适时放蜂，放蜂最佳时间是蜂群入场选择天黑后或黎明前。蜂箱放置于中心位置，巢门向南，距地面 0.3~1 m。授粉结束后，选择在傍晚蜜蜂回巢后及时撤出蜂群。

二、注意事项

低温高湿时瓜菜往往没有花粉，要调节大棚等设施内温湿度，适期放蜂，提高蜜蜂访花率；严格控制农药，尤其是不能随意喷施杀虫剂类农药，如确需用药，需在喷药前 1 d 傍晚将蜂群撤离大棚，等药味散尽后，再将蜂群搬入。

第十三节　瓜菜病虫害绿色防控技术

一、技术概述

蔬菜病虫害绿色防控是持续控制蔬菜病虫害、保障蔬菜生产安全的重要手段，是促进蔬菜标准化生产、提升蔬菜质量安全水平的必然要求，是降低农药使用风险、保护生态环境的有效途径。推进蔬菜绿色防控是贯彻“预防为主、综合防治”的植保方针，实施“绿色植保”战略的重要举措。蔬菜病虫害绿色防控技术的核心是通过生态调控、物理防治、生物防治和科学化防等环境友好型措施控制病虫害。

二、技术要点

1. 生态调控

通过栽培、管理措施，优化蔬菜生长发育环境条件，促进蔬菜健壮生长，提高蔬菜抗逆性；恶化病虫害繁殖、传播的环境条件，控制病虫害滋生、扩散蔓延。采用轮作倒茬、清洁田园、选用抗（耐）病虫品种、调节播期、培育壮苗、科学施肥灌水、加强田间管理等农业措施。

2. 物理防治

利用器械，光、热等物理方法防避、抑制、钝化、消除、捕杀有害生物。如灯光诱杀、色板诱杀、食物诱杀、性诱剂诱杀等；高温处理如温水浸种杀灭种子表面的病原物、高温闷棚控制黄瓜霜霉病蔓延、热水处理土壤杀死绝大部分病原菌；覆盖防虫网、遮阳网、塑料薄膜，进行避雨、遮阴、防虫隔离栽培，阻断病虫害传播路径。蔬菜栽培中覆盖防虫网基本能免除菜青虫、小菜蛾、甘蓝夜蛾、甜菜夜蛾、棉铃虫、蚜虫、斑潜蝇等多种害虫的为害；甜椒在强日照时覆盖遮阳网可有效减轻日灼病；大棚、温室蔬菜降雨时盖好棚膜可有效控制雨水淋溅传播病害。

3. 生物防治

利用生物及其产物抑制病原物的生存和繁殖，防治病虫害，如保护或释放天敌控害，如保护七星瓢虫等可有效控制蚜虫、红蜘蛛繁衍，棉铃虫、菜青虫、小菜蛾为害时，释放赤眼蜂；利用植物制剂防治控制病虫为害，如苦瓜叶，加少量水捣烂后滤出汁液，加等量石灰水，调匀后浇灌幼苗根部，对杀灭地老虎有特效；利用细菌、病毒、抗生素等防治蔬菜病虫害，用天然除虫菊素、苏云金杆菌、白僵菌、阿维菌素、烟碱、苦参碱等防治蚜虫、叶螨、斑潜蝇和夜蛾类害虫。

4. 合理化学防治

贯彻“预防为主、综合防治”的植保方针，树立“公共植保、绿色植保”理念，科学实施化学防治。选用低毒、低残留农药。对症下药，适时施药，适法用药。

三、注意事项

坚持“预防为主、综合防治”的策略，做到防早、防小、防了。

第十四节　全生物降解地膜覆盖技术

一、技术概述

全生物降解地膜是一种以生物降解材料为主要原料、具有生物降解性能的新型薄膜。这种薄膜大多用于地面覆盖，以提高土壤温度、保持土壤水分、维持土壤结构、抑制杂草，且能防止害虫侵袭作物和某些微生物引起的病害，从而促进植物生长。全生物降解地膜使用后期会自动降解为水、二氧化碳和腐殖质等产物。应用全生物降解地膜，不仅能节省地膜回收成本，还有助于土壤生态改善和农田环境保护，减少农业面源污染，推动农业绿色发展。

二、技术要点

全生物降解地膜较适用于集中连片的露地蔬菜短季栽培。如甘蓝、花椰菜、鲜食大豆、玉米、马铃薯、山地蔬菜等。而在大棚中，因地膜未被雨水直接冲淋，降解周期会比较长。在生产过程中，具体要把握5个要点：一是做好田园清洁工作，清除根茎等前茬作物的枯枝残叶，防止覆膜时地膜被戳破；二是畦面要平整，防止覆膜、播种行走时泥块戳破薄膜；三是杂草要封好，防止杂草顶破薄膜；四是薄膜要压实，地畦两边压膜泥块要密集；五是选用合适的可降解地膜。与普通地膜一样，降解地膜需要选用合适的颜色、厚度、宽幅等，方便操作，达到增温保墒防草效果。

三、注意事项

降解地膜的韧性相对较差，使用中要注意技术配套，避免出现地膜破损等情况。

第二章　绿色生产技术

第一节　山地辣椒生态绿色高效栽培技术

开化县地处浙西丘陵山区，山地资源丰富，气候环境优越。山地蔬菜是开化县蔬菜产业发展的重点和方向所在。目前，全县共有山地蔬菜面积1 850 hm^2，其中主导品种为山地辣椒，种植面积约580 hm^2。近年来，开化县开展了山地辣椒生态高效栽培技术的研究，并取得了较好的效果。

一、品种选择

根据市场需求选用丰产、抗病、抗逆性好的品种，如湘研系列、渝椒系列、衢椒系列、采风系列、特早长尖、丰抗等。

二、播种育苗

1. 苗床选择

苗床要选择向阳避风、肥沃疏松且2~3年内未种过茄果类蔬菜的地块。播种前10~15 d，苗床地应施足基肥，一般每亩地施腐熟人粪尿1 000 kg、钙镁磷肥5 kg、焦泥灰100 kg。

2. 种子消毒

播种前种子在太阳下晒1~2 d，再用温汤浸种法或药剂消毒法进行种子消毒。温汤浸种法：将种子用清水浸湿，然后放入55 ℃的温水中浸15 min。药剂浸种法：先用清水浸2 h后，再用75%百菌清可湿性粉剂800倍液浸20 min，用清水搓洗干净。

3. 播种

山地辣椒在4月中旬前后播种，每亩用种量30~40 g，苗床10 m^2。播种前苗床浇足底水，并用98%噁霉灵可溶粉剂3 000~4 000倍液喷淋苗床，进行床土消毒。将种子均匀地撒播在苗床上，用平板轻度压实，使种子与泥土充分黏合，并覆盖0.5 cm厚的营养细土。床面铺少许稻草，盖上地膜保温。有条件的可采用穴盘基质育苗。

4. 苗期管理

当小苗1/3出土时应及时揭去地膜和稻草，齐苗后间苗1~2次。当苗长出真叶2~3片时进行移苗假植，假植密度以株行距10 cm×12 cm为宜，或移栽到8 cm×8 cm塑料营养钵中培育。苗期管理主要是控制苗徒长，避免床土过湿，假植后应喷1次75%百菌清可湿性粉剂800倍液或70%代森锰锌可湿性粉剂800倍液防病1次，同时注意蚜虫和红蜘蛛等的为害，当苗龄50 d左右，长至6~7片真叶时即可定植。

三、大田管理

1. 椒地选择

山地辣椒适应性较强，要求海拔在400 m以上，排灌方便、土层深、土质疏松肥沃的沙壤土且3年内未种过茄科作物的地块为好。

2. 整地做畦，施足基肥

翻土晒白后，整成畦宽（连沟）1.2 m，畦面中间开沟施足基肥，要求亩施腐熟农家肥3 000 kg及硫酸钾复合肥30~40 kg，然后覆土，畦面做成龟背形。

3. 定植

选择5月下旬的晴天定植，定植时力求做到带土、带肥、带药，尽量减少伤根，以缩短还苗期。每畦栽2行，行株距60 cm×35 cm，亩栽3 000株左右。定植后随即浇稀人粪尿定根，同时每100 kg定根水内加3%中生霉素可湿性粉剂100 g及50%多菌灵可湿性粉剂150 g，能有效预防病害。

4. 肥水管理

还苗后结合中耕追肥1次，亩用复合肥8~10 kg浇施，以利促苗，进入结果期后，结合灌水，每亩施1 000~1 500 kg稀人粪尿及复合肥15 kg，以后摘1~2批果要及时追肥。辣椒忌涝，因此畦沟要通畅，要求做到雨停不积水。

5. 整枝铺草

对生长太旺的植株，要抹去门椒以下的侧枝，以利根部通风透光。在高温季节，畦面铺草具有明显降低土壤温度、保持土壤湿润的作用，要求在伏旱之前割青草或稻草铺盖畦面。有条件的可采用黑色地膜覆盖栽培。由于高山地区风大，雨水多，植株容易倒伏，所以要在植株基部插一矮杆固定，以提高产量和产品的商品性。

四、病虫害防治

病虫害是严重影响辣椒商品质量和产量的最主要因素，发病后，轻者导致辣椒光泽度差，品质下降，不耐储运，重者造成大面积绝收。病虫防治要坚持预防为主、综合防治的方针：一是实行轮作，避免连作；二是用优良抗病品种；三是做好种子及苗床消毒，培育壮苗；四是及时清除杂草和残枝病叶，减少病菌侵染机会；五是加强肥水管理，提高植株的抗病性。同时要加强田间观察，做到有病及时防治。辣椒主要的病虫害及农药防治方法如下。

1. 蚜虫、烟粉虱

用20%啶虫脒可溶液剂3 000倍液或40%吡蚜·呋虫胺水分散粒剂1 200倍液喷雾防治。

2. 红蜘蛛和茶黄螨

用57%炔螨特乳油800倍液或0. 5%藜芦碱可溶液剂500倍液喷雾防治。

3. 小地老虎

用2. 5%溴氰菊酯乳油100 mL或50%辛硫磷乳油500 mL加水适量，拌细土50 kg配成毒土撒施。

4. 蓟马

用60 g/L乙基多杀菌素悬浮剂2 000倍液喷雾防治。

5. 烟青虫、斜纹夜蛾

用24%甲氧虫酰肼悬浮剂1 500倍液或20%氯虫苯甲酰胺悬浮剂3 000倍液或5%甲维盐·高氯氟水乳剂2 000倍液喷雾防治。

6. 苗期猝倒病、立枯病

用58%甲霜灵·锰锌可湿性粉剂500倍液或72. 2%霜霉威盐酸盐水剂800倍

液或30%噁霉灵水剂1 000倍液喷淋防治。

7. 疫病

用64%噁霜·锰锌可湿性粉剂500倍液或23.4%双炔酰菌胺悬浮剂1 500倍液或60%唑醚·代森联水分散粒剂1 500倍液等喷淋及浇灌防治。

8. 炭疽病

用25%咪鲜胺乳油100倍液或25%嘧菌酯悬浮剂1 000倍液喷雾防治。

9. 青枯病

用77%氢氧化铜可湿性粉剂700倍液或47%春雷·王铜可湿性粉剂600倍液或3%中生霉素可湿性粉剂600倍液灌根及喷雾防治。

10. 枯萎病、根腐病

用3%甲霜·噁霉灵水剂600倍液或50%氯溴异氰尿酸可湿性粉剂1 000倍液喷淋及浇灌防治。

11. 病毒病

可用20%吗胍·乙酸铜可湿性粉剂500倍液或8%宁南霉素可溶液剂500倍液喷雾防治。可复配5%氨基寡糖素可溶液剂600倍液+50%烯啶虫胺可湿性粉剂4 000倍液喷雾防治。

五、及时采收

青椒一般于7月中下旬上市，每周采收1次，每亩产量可达3 000~4 000 kg。

第二节　山地黄秋葵剪枝再生绿色高效生产技术

黄秋葵属锦葵科，也称秋葵、咖啡黄葵，俗名羊角豆，原产地为非洲，有极高的经济用途和食用价值。江山是浙江省山地黄秋葵的重要主栽区，但由于黄秋葵以露天种植为主，7 月下旬至 9 月底为集中上市时间，售价普遍较低，在 3 元/kg左右波动；受当地气象影响，市场在 7 月上旬前和 10 月中旬后出现价高量少现象，平均售价达 10 元/kg。江山市秀地果蔬专业合作社通过采用设施种植、剪枝侧生、绿色防控等技术，实现黄秋葵采收期提早 30 d、采摘期延后 30 d，经浙江省农业农村厅、浙江省农业科学院蔬菜研究所专家进行现场验收，每亩产量 4 895 kg，产值超 2 万元。

一、栽培技术

1. 搭建大棚，施足基肥

选择土层深厚、肥沃疏松、保水保肥能力好的地块，在冬茬收获后及时深耕，每亩施腐熟厩肥3 000 kg、三元复合肥（N-P-K 为 17-17-17）15 kg。于 2 月底进行第 1 次整地，搭建 8 m 宽的钢架大棚，覆盖大棚膜保温，以提高地温。在 3 月 15 日左右每亩施腐熟羊粪 200 kg、三元复合肥 50 kg 及土杂肥 200 kg 作基肥，地力肥沃的地块可适当少施，混匀耙平做畦，畦连沟宽 1. 3 m。

2. 适时播种，合理密植

播种前 2 天在畦面覆盖黑地膜，以控制杂草生长；3 月 30 日直播，黄秋葵品种为卡里巴，每畦播 3 行，株距 30 cm 左右，每亩用种量 1. 0 kg。清明后出苗齐苗，5 月上旬始花，5 月 10 日始果，5 月下旬即可采收上市，比常规露地种植提早 1 个多月。及时间苗，在破心时进行第 1 次间苗，间去残弱次苗；在 2~3 片真叶时进行第 2 次间苗，选留壮苗；在 3~4 片真叶时定苗，每穴留 1 株。

3. 适时追肥，培育侧枝

在施足基肥的基础上适当追肥，不可偏施氮肥。第 1 次追肥在出苗后进行，每亩浇施三元复合肥 1. 5 kg；第 2 次在定株后开沟撒施，每亩施三元复合肥 15 kg；第 3 次在结果期，每亩穴施三元复合肥 15 kg。黄秋葵植株生长旺盛，主、侧枝粗壮，叶片肥大，要及时抹除前期侧枝和已采收嫩果节位以下的各节位老叶，以改善通风透光条件，减少养分消耗，防止病虫蔓延，提高早期产量。在 7

月底开始预留根部侧枝（根部离地面 20 cm 左右），一般每株留 2~3 枝。

4. 剪除主枝，加强追肥

剪枝再生技术一般在 8 月中旬进行，可避开常规露地黄秋葵产品集中上市期。即在距植株基部 20 cm 处剪去主枝，每株选留根部的 2~3 个侧枝，8 月下旬开始采收侧枝果实。酌情追肥 2~3 次，每亩穴施三元复合肥 15 kg，每次间隔 7 d 左右，防止植株根系早衰。侧枝在主枝剪后 7 d 即开始结果，可持续采收至 11 月上旬，延长采收期逾 30 d，每亩产量增加 1 500 kg 以上，效益增加明显。未剪枝的黄秋葵由于徒长，果实小、品质差，加上采收不便，基本无效益。

5. 加强管理，防控病虫

综合应用棚温调节、肥水调控、合理整枝摘叶、控制病虫害等措施，提高黄秋葵产品质量。夏季黄秋葵需水量大，地表温度高，应在 9: 00 以前、下午日落后浇水，避免高温下浇水伤根，以地面湿润为佳；10: 00 左右将两侧棚膜上掀，以利通风降温降湿，9 月下旬后夜间盖好侧棚膜以保温；雨季注意排水，防止死株，整个生长期以保持土壤湿润为宜；可安装水肥一体化设施达到水肥同施，减少人工成本。推广应用菜籽饼集中诱杀地下害虫、覆盖防虫网隔离、悬挂色板诱虫、安装太阳能杀虫灯杀虫等病虫害绿色防控技术，确保黄秋葵产品质量安全。地下害虫一般在苗期为害，当地在 4—5 月，每亩用菜籽饼 1 kg 炒熟后加入 80% 敌百虫可溶粉剂 100 g 混匀，分成 5 份以上堆放在塑料纸上，然后移入田间诱杀害虫，1 个月后移除。在黄秋葵全生长期覆盖防虫网隔离；每亩悬挂色板 20 片诱虫，每月替换 1 次；安装太阳能杀虫灯杀虫。一般在 7 月、8 月可用 20%氯虫苯甲酰胺悬浮剂 1 000倍液防治斜纹夜蛾幼虫等，每次间隔 7 ~ 10 d，防治 1 ~ 2 次。

6. 适时采摘，分级上市

适时采摘果长 8 ~ 10 cm、表面色泽一致的嫩果，按宾馆、大型超市、批发市场、农村市场等目标市场的不同需求定位，分级上市销售。

二、产量效益分析

测产结果表明，应用该技术修剪的设施黄秋葵每亩产量达 4 895. 3 kg（8 月

20 日修剪主枝时每亩已采收产量 2 440.5 kg)，比对照每亩增产 2 124.7 kg，增幅 76.7%；同时，使用该技术避开了露地黄秋葵产品在 7 月、8 月集中上市带来的量多价低现象，实现了 6 月、9 月、10 月市场上的量少价高销售，效益明显。

第三节　山地大棚樱桃番茄高效高产栽培技术

一、品种选择

选择糖度高、风味好、抗病的品种如釜山 88、浙樱粉 1 号、黄妃。

二、培育壮苗

1. 适时播种

浙江地区春秋两季栽培，春季适宜播种期 11 月上旬至 12 月上旬；秋季适宜播种期 7 月中下旬。

2. 营养土与苗床准备

于 10 d 前，采用育苗专用营养基质，按 10 cm 厚度，在育苗场所的地上铺一层育苗专用营养基质，浇透水，并用地膜覆盖待用。

3. 催芽

播种前将番茄种子浸种 4~6 h，然后进行催芽，催芽温度控制在 28~32 ℃，并用湿毛巾等保湿，催芽时间 24~36 h，待种子露白即可播种。

4. 播种与假植

将催好芽的种子，均匀撒播在苗床上，再撒上基质覆盖，约 0.5 cm 厚，按每克种子播种 2~3 m^2，稀播壮苗，1 叶 1 心时，假植到 6 cm×8 cm 营养钵或 32 孔的育苗盘内，浇透定根水。

5. 苗期温湿度管理

种子播下后要视气候条件的变化而加以防护，秋播时要注意防寒，夏播时要注意防高温，种子发芽的适宜温度在 28~30 ℃。当子叶完整长出、真叶展开至 1.5 叶前后，温度应保持在 24~30 ℃；真叶展开至 3.5 叶前后，后期温度确保 18 ℃以上即可，开始锻炼幼苗，保持幼苗健壮生长。育苗阶段的水分需少量勤浇，保持一定湿度，不萎蔫即可。

6. 病虫害防治

苗床播种前1周，撒施辛硫磷颗粒剂，防地下害虫，50%多菌灵可湿性粉剂撒施土壤消毒；子叶平展时用68.75%噁酮·锰锌水分散粒剂1 500倍液喷施防病，以后采用64%噁霜·锰锌可湿性粉剂、68.75%恶唑菌酮锰锌水分散粒剂等每隔7~10 d防病1次，同时加10%吡虫啉乳油、1.8%阿维菌素乳油1 500倍液等防治蚜虫、各类夜蛾，每亩挂黄板40~50片，防治粉虱、潜叶蝇等。

三、大田管理

定植前7 d大棚内进行灌水，2~3 d后拖拉机翻耕，每亩均匀撒施30~40 kg复合肥，发酵有机肥料2 000~3 000 kg，再整地，使土壤和肥料充分拌匀，再将畦做成宽120 cm×高40 cm。畦做好后及时铺滴灌、覆地膜，如遇土壤较干旱，要先用滴灌浇好水再盖地膜。

1. 定植

当苗长至7叶1心至8叶1心时，即可移苗定植，定植前2天，将苗浇透水并做好带药下田，按50 cm×55 cm双行定植，定植后浇足定根水，每株0.5 kg为宜。春季2月定植时，需要加小拱棚保温，夏秋季定植时需要覆盖遮阳网，1周内进行补苗，确保全苗。

2. 肥水管理

缓苗成活后，进行控水，以促进根系生长，第1花序膨大时，进行少量勤灌，不可一次多灌。待第2花序开始采收时，增施磷钾肥，可滴灌、叶面喷施或穴施，追肥视植株生产情况约4次以上，每次5~10 kg磷钾肥。番茄对钙镁肥的需求也较大，整个生长过程增施钙镁肥可以提高樱桃番茄的商品品质，可每隔1周叶面喷施，浓度1 000倍液左右。

3. 整枝

原则上采用单秆整枝。于定植后约20 d，开始引蔓，侧枝全部除去，待侧枝3~5 cm时打侧枝，一般情况下，春季栽培保留7档果，夏秋栽培保留6档果，摘心并在顶端留一侧枝。

4. 摘叶

为达到提高品质、增强光照、促进通气、防止病害的目的，可摘除采收后的果穗（3档以下）的老叶、病叶。

5. 促进坐果

采用电动振荡器授粉，部分品种在低温授粉不良的季节栽培时，一般是 5 月前，振荡器效果差，则采用喷防落素防止落花落果。

6. 疏花疏果

按每株留果 80~90 个，高产的品种可适当多留点。开花时，先将花序外围多余的花剪去，当果实长至花生米粒大小时进行疏果、定果。

四、病虫害防治

原则上以预防为主，主要通过培育壮苗，加强肥水管理，增强植株自身抵抗力。主要病害有青枯病、灰霉病、病毒病等。防治方法：首先降低大棚内湿度，结合轮换喷施 50%异菌脲可湿性粉剂、10%腐霉利可湿性粉剂、50%啶酰菌胺水分散粒剂、50%中生菌素水分散粒剂等，同时采用 10%腐霉利等烟雾剂熏蒸。对于病毒病建议拔除。主要虫害有蚜虫、粉虱、美洲斑潜蝇、斜纹夜蛾等。防治方法：按 1.5 m 间距挂黄板，并分别采用 5%啶虫脒乳油 2 000倍液、10%灭蝇胺悬浮剂 800 倍液、1.8%阿维菌素乳油 1 500倍液等轮换喷施，应对叶面和叶背全部喷施。

五、及时采收

可在八成熟时采收，能真正体现其固有风味和品质。采收时注意保留萼片，从果柄离层处用手采摘。

第四节　山地黄瓜高产栽培技术

一、品种选择

选择博新5-1、博美4号、博美8号等适应性强，抗病、抗逆性强，耐热，丰产优质的中、晚熟黄瓜品种。

二、播种育苗

1. 确定播期

低海拔山区可种春秋两季，春季露地3月中旬至4月上旬播种，秋黄瓜7月下旬至8月上旬播种；高海拔500 m以上山区种植一季，从4月下旬至7月上旬分批播种。

2. 种子消毒

具体做法：用50%多菌灵可湿性粉剂500倍液浸种1 h或高锰酸钾1 000倍液浸种15~20 min，捞出洗净后进行催芽播种。

3. 育养钵育苗

提倡采取营养钵育苗。营养土用蔬菜育苗专用基质，也可自配营养土（60%菜园土加40%腐熟畜禽粪混合均匀而成）。每钵1粒，播后盖土。

早春育苗要搭建小拱棚，加强肥水管理，加强病虫害防治，出苗成活后5~7 d喷施第1次药剂，配方“吡虫啉+噁霉灵+14-羟基芸苔素甾醇”；第1次药后10~15 d喷施第2次药剂，配方“吡虫啉+唑醚·代森联+14-羟基芸苔素甾醇”。

三、定植

1. 整地施基肥

亩施优质有机肥料（腐熟厩肥等）2 000~3 000 kg，复合肥（15-15-15）30~40 kg，硼砂1 kg，沟施于黄瓜种植行之间或全田撒施，同时可用50~100 kg石灰调节土壤酸碱度，采用深沟高畦，畦宽120~130 cm（连沟），畦面净宽80~90 cm。

2. 定植

带土移栽，苗龄25~30 d，3叶1心。每亩栽苗2 500株，株距40 cm，定植后用50%多菌灵可湿性粉剂500倍液作定根水灌根。

黄瓜也可采取直播。每穴播1~2粒种子，亩用种量150~200 g。具体方法：畦面精细整平后，在畦面开2条线沟，浇足底水，然后进行穴播。播后覆细土1 cm，再覆盖秸秆，防止暴雨冲刷和保持土壤湿度。出苗后及时揭除覆盖物，同时在田边做一部分营养钵，并与大田种子同时播种，为补苗做准备。

四、田间管理

1. 水肥管理

苗期不旱不浇水，摘根瓜后进入结瓜期和盛瓜期，需水量增加，要因长势、天气等因素调整浇水间隔时间，浇水宜选在晴天上午进行；结瓜初期，结合浇水追肥1~2次，结瓜盛期每隔7~10 d结合浇水追施7~10 kg复合肥，另外用0.5%磷酸二氢钾和氨基酸肥叶面喷施2~3次。

2. 植株调整

当植株高25 cm时要及时搭架绕蔓、整枝，根瓜要及时采摘，摘除40 cm以下侧枝，以上侧枝见瓜留1~2叶摘心；主蔓爬满架时，应摘心，促侧蔓生长，多结回头瓜。结瓜期遇高温可用高效座瓜灵保花保果，减少畸形瓜，喷花要均匀，并适当降低浓度。

五、病虫害防治

定植缓苗后（或直播出苗5~7 d后）第1次用药，配方“噁霉灵+吡虫啉+14-羟基芸苔素甾醇”；隔10~15 d喷施第2次药剂，配方“吡虫啉+阿维菌素+噁霜灵·锰锌+14-羟基芸苔素甾醇”。结瓜期每隔10~15 d喷施1次药剂，不同药剂轮换使用，可用70%丙森锌可湿性粉剂、3%中生菌素可湿性粉剂、20%氯虫苯甲酰胺悬浮剂。

第五节　山地鸭掌菜春季设施栽培技术

鸭掌菜，又名三叶芹、山野芹菜、日本大叶芹、绿秆大叶芹，为伞形科多年生草本植物，主要分布于中国、日本、朝鲜和北美洲东部。鸭掌菜营养丰富且口味鲜美，既具有芫荽和芹菜的香气，同时也具有保健功效，对感冒、咳嗽、牙痛、肺炎、尿道感染等有特殊疗效。

目前国内栽培品种多数由野生品种驯化而来，但是野生种抗病性不足，种子休眠期长，种植难度较大。日本栽培鸭掌菜历史较长，已培育了适应不同季节的优良品种、不同栽培方式。我国在 20 世纪 90 年代引进了日本鸭掌菜品种进行试种并取得成功，近年来栽培面积不断扩大，既丰富了市场蔬菜供应，农民也取得了较好的效益。

一、选择栽培品种

鸭掌菜历史较长，已培育了适合不同生产方式、不同季节的品种。春季栽培宜选择抽薹迟、抗病性强的品种，如柳川 1 号、关西白茎、大阪白轴等。

春季鸭掌菜无论是育苗、大田生产阶段均宜采用设施栽培。育苗阶段可采取大棚+小拱棚方式，定植后单层大棚即可满足鸭掌菜生长需要。春季鸭掌菜播期应尽量提早，使上市期避开高温期，延长采收期，提高品质和产量。春季鸭掌菜一般 1 月初播种，2 月下旬定植，4—5 月采收。

二、播种育苗

1. 种子处理

先晒种 1～2 d，然后用清水浸种 24 h，其间清洗种子 1～2 次，捞出种子控水后，用1 000倍液的高锰酸钾处理 15 min，洗净晾干种皮后，即可播种。

2. 播种

每亩本田需苗床 40～60 m^2。经过处理的种子与 10 倍细沙混合撒播，每 1 m^2 播种 5～6 g，播后盖薄土，浇透水，畦面覆盖无纺布，也可先盖地膜，然后再盖 1 层遮阳网，并加搭小拱棚保温。

3. 苗期管理

春季鸭掌菜育苗重点要做好保温工作，温度白天控制在 20～25 ℃，夜间

15~20 ℃，最低气温不低于 10 ℃。白天高于 25 ℃要注意通风，外界气温稳定在 10 ℃以上，晚上不再覆盖小拱棚。播后 10 d 左右出苗，出苗后及时撤去畦面上覆盖物。

秧苗长至 1~2 片真叶时，对过于拥挤的秧苗进行间苗，使秧苗分布比较均匀，生长健壮。苗床湿度以见干见湿为宜。幼苗生长期间，视秧苗生长情况酌情施肥 1~2 次。播后 35~40 d，具 3 片真叶，苗高 8~10 cm 时，进行移栽。

苗期病害主要有猝倒病，虫害主要蚜虫、蓟马等。

三、大田管理

1. 定植

选择土层深厚、有机质丰富、pH 微酸性至中性、保水性强的壤土种植。定植前每亩施复合肥 20~30 kg，有机肥 1 000 kg，深翻后做畦，畦宽 80~90 cm，沟宽 40~50 cm。畦面铺设 2 条喷灌带。

鸭掌菜应适当密植，株行距为 20 cm×20 cm，每穴 3~5 株。定植后浇足定根水。

2. 设施环境调控

春季鸭掌菜定植前期以保温为主，白天温度保持在 20~25 ℃，夜温不低于 10 ℃。白天棚温高于 25 ℃要注意通风，夜温高于 15 ℃应昼夜通风。采收期的鸭掌菜后期如遇高温、强光照天气，应覆盖遮阳网，可防止过快老化，提高品质。

3. 肥料管理

追肥。宜采用水肥一体化追肥。定植后 5~10 d 追施 1 次促苗肥，每亩施尿素 5 kg，以后隔 10 d 左右施 1 次（N-P-K=20-10-20）水溶肥 5 kg。鸭掌菜对硼肥比较敏感，结合防病，叶面可喷施硼肥 2~3 次。采收前 1 周停止施肥。

4. 水分管理

鸭掌菜喜湿润土壤环境，土壤过干生长不良。注意小水勤浇，保持土壤湿润状态。

5. 中耕除草

建议人工除草，定植后应中耕除草 2~3 次。也可以使用黑色地膜或银黑双色膜覆盖，不仅可以免除中耕除草，还可以达到保湿、节水的效果。

四、病虫草害防治

1. 病害防治

鸭掌菜容易发生的病害有猝倒病、叶斑病、菌核病等。猝倒病，主要发生于苗期，可用98%噁霉灵可溶粉剂3 000~5 000倍液+25%甲霜灵可湿性粉剂800倍液等防治；叶斑病可用25%吡唑醚菌酯乳油1 500倍液、10%苯醚甲环唑微乳剂1 000倍液防治；菌核病可以50%异菌脲可湿性粉剂1 000~1 500倍液、50%啶酰菌胺水分散粒剂1 500倍液等防治。

2. 虫害防治

主要虫害有蚜虫、蓟马。蚜虫用20%呋虫胺悬浮剂2 000倍液、25%噻虫嗪悬浮剂5 000倍液等防治，蓟马可用60 g/L乙基多杀菌素悬浮剂1 000倍液、25%噻虫嗪悬浮剂5 000倍液等防治。

3. 除草

苗期杂草可用除草剂防治。播后苗前每亩用45%二甲戊灵微囊悬浮剂100 mL，兑水量为30~45 kg，均匀喷施畦面，可以达到良好的防治效果。

五、采收

鸭掌菜可割收，也可以掘根一次性采收。当植株长至30~40 cm时，用刀在距植株基部2~3 cm处平割。然后除去杂质、黄老叶，扎成小捆出售。隔1个月后再采收1次。每亩产量1 000~1 500 kg，每亩总产量2 000~3 000 kg；当植株长至30 cm以上时也可掘根一次性采收，清洗后扎把上市。一次性采收，保留根系，产品保鲜期长。

六、留种

留种田宜选择排灌方便、土层深厚、有机质丰富、pH微酸性至中性、保水性强的壤土种植。定植前亩施复合肥20~30 kg、硼砂2 kg，深翻后做畦，畦宽80 cm，沟宽40~50 cm。9月播种育苗，11月定植，每畦种双行，每穴种2~3株，4月开花，6月底至7月初种子成熟，要分批采收，种荚黄熟一批采收一批，分 2~3 次采收。采收后后熟 3~4 d，晒干，去除杂质，储存。

第六节　丘陵山地西瓜栽培技术

西瓜是一种营养丰富，甜美可口，水分含量多，还含有大量的糖、维生素、蛋白质、果胶等营养成分的水果。除了这些营养成分以外，西瓜还具有清热解暑、补充营养、生津止渴等功效。常山县大棚西瓜有多年的栽培历史，是浙江省小果型瓜的主产区之一。在西瓜常年种植过程中总结了一套较为成熟的山地西瓜栽培技术。

一、育苗前期准备工作

1. 合理选择品种

山地西瓜种植，因土壤存在一定的坡度，温度较高，西瓜品种应选择长势较强、抗病性强、抗旱性较强、优质高产的西瓜品种。

2. 科学准备苗床

选择坐北朝南、背风向阳、地势稍高、排灌系统条件好的近地大棚进行育苗。西瓜育苗可大棚、中棚、小棚 3 棚共用，保证棚内温度，尽可能确保在育苗时出苗一致，便于管理。

3. 配置育苗基质

选择蛭石和草炭土搭配而成的育苗基质，并在育苗基质中加入鸡粪等堆沤腐熟 2 个月以上，做好育苗准备。在育苗基质装入穴盘前 1 周左右，拌入 NPK 复合肥（15-15-15）2~2.5 kg/t，搅拌均匀备用。

4. 种子浸种催芽

西瓜种子应选择饱满、表面无虫卵、病斑的西瓜种子。用 50% 的多菌灵可湿粉剂 800 倍液浸泡 30 min 左右后洗净种子，再放入 55 ℃的温水中，搅拌 15 min，温度降至 40 ℃左右停止搅拌，自然放置 5 h 左右时间。将种子表面水分擦去，并晾至表面不打滑，用浸湿纱布包裹放入 30~32 ℃的条件下催芽，及时分拣胚根露白的种子。

二、育苗及苗期管理

1. 播种时期

山地西瓜种植因光照条件充足，播种期可适当延后，在3月中上旬播种，播种期要关注天气情况，选择冷尾暖头播种，播种后确保出苗一致，加强温湿度管理，避开长时间阴雨天气，以免秧苗徒长。

2. 播种方法

采用穴盘育苗方式，种子播种前将准备好的基质拌入杀菌剂并装入穴盘，浇透水，将浸种催芽后的种子播入穴盘中，并用干基质将穴盘表面覆盖，掩埋种子。种子播种后，及时覆膜，控制棚内温度在28~30 ℃，种子破土前不需揭膜浇水。

3. 温湿度管理

种子出苗前，尽量保持棚膜密闭，温度控制在30 ℃，待种子出苗后，揭开表面平铺的地膜，控制白天温度在26~28 ℃，夜间温度在18 ℃以上，适当控制水分，防止苗徒长。待子叶展开后适当升温，白天在28 ℃，夜间在20 ℃。如果遇到长时间阴雨天气，可采取白炽灯补光，增加光照。

4. 通风炼苗

大棚育苗白天中午应加强通风降低湿度，并改善光照条件。低温通风应采取2次通风法，即先大棚通风小拱棚覆盖后大棚封闭小拱棚打开，避免1次通风棚内温度下降过猛造成低温失水伤苗。

三、定植前处理

选择3~5年内未种植过西瓜的缓坡山地，每亩施足腐熟的有机肥500~1 000 kg或者施用发酵后的菜籽饼75 kg左右并加入15-15-15的硫酸钾复合肥20~25 kg，硼砂0. 5 kg。中耕除草，铺设滴管后覆盖地膜。

四、定植

在10 cm深土壤温度稳定在15 ℃以上，日平均温度稳定在18 ℃以上，凌晨最低气温不低于5 ℃，冷空气过后天晴，可及时定植，4月上旬定植。山地西瓜种植多以露天种植为主，种植密度与保护地栽培有差异，不宜过密。一般可在定植前1~2 d，在地面上按株距划出定植穴位，然后选晴天定植。定植后浇定根水，促进瓜苗生根成活。

五、苗期管理

1. 整枝

采用3蔓整枝法，当主蔓第5叶长出时打顶。从主蔓叶片的腋芽长出的分枝称作子蔓，留3个子蔓，去掉其余的子蔓。保留的3个子蔓上的子蔓也要及时抹除掉，避免营养生长过于旺盛抑制生殖生长，对以后的坐果造成不利。

2. 施肥

根据西瓜在不同时期进行少量多次的追肥，特别是西瓜在营养生长期间、花期、坐果期以及果实膨大期等时期，根据田块实际需要进行具体用量的追肥。

3. 水分管理

西瓜在定植时可在地膜下铺设滴管，在长时间阴雨天气情况下，可控制滴管降低灌溉速度或停止灌溉，在长期干旱时可增加灌溉。总体上以滴管等设施条件满足西瓜种植期间水分管理。

六、病虫害防治

以农业、物理防治为主，降低化学防治频率，提高西瓜产品品质。主要农业物理防治方法包括以下4个方面。

1. 品种选择

西瓜品种在种植时要充分考虑品种的抗性情况，把品种的抗病性作为重要选择指标之一。

2. 种植模式

西瓜在种植过程中存在严重的连作障碍，应采用严格的作物轮作方式，若有条件则采用水旱轮作等方式，种植1年西瓜后，连续种植2~3年水稻，降低土传病害对西瓜种植的影响。

3. 嫁接苗替代实生苗

为减少西瓜种植过程中病害的发生，应采用嫁接苗替代实生苗进行种植，一般选择葫芦、南瓜等不易感染枯萎病菌的砧木品种进行嫁接。

4. 物理防治

采用悬挂黄板、设置诱虫灯等物理方式减少田间病虫害的发生，降低化学防治的使用次数，实现农药减量，提高西瓜品质。

七、西瓜采收

西瓜采收要及时，采收过早，西瓜成熟度不够，甜度较低，品质较差，影响经济效益；采收过晚，容易造成西瓜空心、倒瓤。早熟西瓜品种从坐果到成熟大约需要 30 d，中熟品种需要 35~40 d。

第七节　高山四季豆高产栽培技术

近年来，随着衢州市山地蔬菜产业的不断发展，高山四季豆的种植面积逐步扩大。四季豆食用嫩荚，一般花后 7~10 d 就可采收。当荚条粗细均匀、荚面豆粒未臌出时为采收佳期，盛荚期每天采收 1 次，后期可隔天采收，以傍晚采收为好。四季豆一般亩产可达2 000~2 500 kg，亩产值 7 000~10 000元，经济效益比种植其他旱粮作物增加 4~5 倍。

一、地块准备

1. 地块选择

选择土层深厚、富含有机质、疏松肥沃、排水良好、pH 值 6~7 的沙壤土或壤土。海拔以 500~800 m 的朝阳地块为好，日夜温差大，有利于四季豆的生长，采摘期达 70 余天。

2. 整地施肥

深翻土地、耙细泥土、深沟高畦，连沟畦宽为 1.4 m，畦面 0.9~1 m 宽。基肥一般每亩施有机肥料1 500~2 000 kg、复合肥 30~40 kg、石灰氮 10~20 kg、硼锌肥 100 g 及辛硫磷颗粒剂 2~3 kg 深翻耙匀。

二、播期育苗

1. 确定播期

海拔 700 m 以上的山区可在 6 月上中旬播种，600~700 m 的山区在 6 月下旬播种，500 m 左右的山区播期掌握在 7 月上中旬。

2. 消毒播种

选用粒大、饱满、无病虫的种子，播前可用 2.5%咯菌腈悬浮种衣剂拌种消毒，每 5 kg 种子用 2.5%咯菌腈悬浮种衣剂 20 g 拌种。若土壤干燥，畦面先要浇足水后再播种，每畦种 2 行，行距 65~70 cm，穴距 25~30 cm，每穴播种子 3~4 粒，亩用种量 2~2.5 kg，下种覆土后及时喷施乙草胺封杀除草。同时，应播“后备苗”用于移苗补缺。播种后采取覆盖青草、浇水抗旱等方法，确保全苗、壮苗和健苗，为四季豆高产奠定基础。

三、田间管理

1. 间苗补苗

播种后 7~10 d 要进行查苗补苗，并做好间苗工作，一般每穴留健苗 2 株。

2. 促进壮苗

当幼苗长叶 2 片时，结合治虫防病可喷施 14-羟基芸苔素甾醇，促进幼苗健壮生长。

3. 搭架铺草

在“甩蔓”前及时搭架，选用长 2.5 m 小竹棒搭人字架。当蔓上架后，畦面铺草，以利降温保墒。

4. 肥水管理

根据四季豆的生理特性，要施足基肥，少施追花肥，重施结荚肥。延长四季豆结荚期，促进二藤结荚，其关键技术是要及时追肥，养根护根，防止根系早衰。一般要求每采 3 次，施 1 次结荚肥，施 5~7 次，每次亩施复合肥 10~15 kg。根外追肥可结合病虫防治，在药液中加入 0.2%磷酸二氢钾及 10 g 钼肥进行喷雾，提高坐荚率，以达高产的目的。

5. 疏叶、打顶

四季豆植株长满架时要及时打顶。同时，要清除老叶、病叶，以利植株通风透光，防止落花落荚，达到提高产量的目的。

四、病虫害防治

虫害主要有豆野螟、蚜虫等。防治豆野螟在初花期可选用2%阿维菌素乳油1 000倍液喷雾；结荚期可选用高效低毒低残留农药32 000 IU/mg 苏云金杆菌600倍液，或用5%氯虫苯甲酰胺悬浮剂1 500倍液进行防治。防治方法：应在傍晚打药，并掌握“治花不治荚”的原则。蚜虫防治可用10%吡虫啉可湿性粉剂1 500倍液农药进行喷雾。病害主要有锈病、炭疽病、细菌性疫病、根腐病。锈病可用20%三唑酮乳油1 000倍液或50%多菌灵可湿性粉剂800倍液喷雾；炭疽病可用40%的溴菌腈乳油或10%苯醚甲环唑水分散粒剂1 500倍液喷雾；细菌性疫病可用20%噻唑锌悬浮剂400~500倍液喷雾；根腐病可用70%敌磺钠可湿性粉剂500倍液或46%氢氧化铜水分散粒剂500倍液浇根。

五、适时采收

作为嫩荚食用的四季豆，一般花后8~10 d就可采收，应坚持每天采收1次，既可保证豆荚的品质及商品性，又可减少植株养分消耗过多而引起落花、落荚，从而提高坐荚率、商品率。

第八节　生姜标准化栽培技术

生姜是浙江省衢江区特色蔬菜品种之一，种植历史悠久，全区生产面积3 000余亩，在省内外具有一定知名度，全区生姜产值1 800万元以上，主要分布在小湖南、岭洋、黄坛口、大洲等乡镇。生姜面积与其他地区相比虽不算大，但由于生姜产区主要分布于山区乡镇，偏远山村，经济上比较落后，种植生姜是山区农民重要的经济收入来源，因而提升生姜生产及储藏的技术水平对于发展山区经济、提高农民收入水平具有十分重要意义。

衢江区充分利用当地的生态资源优势，大力发展有机绿色无公害农产品，先后成为国家现代农业示范区、全国首批农产品质量安全试点县和国家生态循环农业示范点。2016年G20杭州峰会期间，衢江区供应生姜2 690 kg，产品全部符合峰会无公害农产品质量标准要求。为了规范生姜的生产管理，保障生姜的质量，制订出《浙江省衢江区无公害生姜标准化栽培规范》，旨在指导衢江区生姜的生产，打响衢江区无公害生姜品牌。

一、姜田选择与准备

1. 地块选择

绿色无公害生姜生产基地应选择在无污染，生态环境适宜的地区。要求地块周围3 km以内无“三废”污染源存在。姜田大气环境质量、灌溉水质、土壤均应符合无公害农产品基地质量标准。根据生姜根系不发达，分布土层浅，怕旱怕涝等生理特点，应选择土层松软深厚、土质肥沃、排灌方便、保水保肥力强、pH值5~7的沙壤土或壤土种植。

2. 整地施肥

生姜忌连作，在浙西地区一般可与水稻、十字花科蔬菜和豆类等作物轮作。在2月中下旬进行第一次翻耕，翻耕前撒石灰粉35~40 kg/亩，调节土壤酸度。3月中旬至4月上旬施充分发酵的鸡粪等有机肥1 200~1 500 kg/亩或草木灰拌泥土的优质土杂肥4 000~5 000kg/亩，结合耕翻整地与耕层充分混匀。定植前，筑高畦，通常畦宽2 m左右，顺畦开横沟，沟距50~60 cm。

二、姜种选择与处理

1. 姜种选择

生姜种类繁多，有小种姜、大种姜、山姜等类型。衢江区基地以种植小种姜即本地小黄姜为主，其切面纯黄色，味辛辣浓，肉细嫩，味香，纤维较细，具有良好的市场口碑。在无病姜田选留种姜时，需选择姜块肥壮，奶头肥圆，芽头饱满，个头大小均匀，颜色鲜亮的姜块作为姜种，严格剔除霉变、腐烂、干瘪的病弱姜块。

2. 姜种处理

（1）晒姜与困姜。为了使姜种提前出苗且发芽均匀，在清明前先将精选种姜在阳光充足的地上摊放晾晒1 d，傍晚收回放入室内堆放3~4 d，使姜块“发汗”。如此反复晒姜3~4次，使芽萌动，姜种外皮发干，发白，略有皱纹，表明已经晒好。最后一次晒姜时，于下午趁热将种姜放入催芽室内催芽。

（2）催芽。即熏姜，将种姜堆放在特制的熏灶中，利用加热料产生热烟熏姜，待种姜发出2~3 cm长的幼芽，取出栽植，一般熏制20 d。熏姜不仅能促进种姜发芽，而且能对种姜进行消毒，大大减少种姜病虫害的发生。

（3）掰姜种。选择姜块肥大皮色好、姜芽粗壮的姜块做种。下种前需掰姜种，每块姜种 50~75 g，每块姜上只保留一个短壮芽，少数姜块可根据情况保留 2 个壮芽，其余幼芽全部去除。

3. 适时播种

播期对生姜产量影响很大。10 cm 地温稳定在 15 ℃以上时播种。根据浙西地区的气候环境，一般在 4 月下旬至 5 月上旬播种，按行距 50~60 cm，株距 20~25 cm，栽植密度5 000~5 500株/亩，用种量为 400~500 kg/亩，姜与其他薯芋类蔬菜不同，种姜投资虽大，但并不消耗投资。种姜栽植以后，本身并不腐烂或干瘪，不仅可以回收，而且香味更浓品质更好，因而价值更高。同时为补苗栽植一定的备用株。

播种方法有平播法和竖播法 2 种。平播时，将种姜平放沟底，凹面朝上轻压入泥与泥面相平，使芽尖向上，芽头朝同一方向排列，便于以后掘取种姜；竖播时，种芽一律向上播种，播后覆土 4~5 cm，加盖砻糠 2~3 cm。

三、大田管理

1. 抢时补苗

为确保苗齐和亩植株数，在出苗 7 d 内对不能出苗的缺窝利用备用苗带土移栽抢时补缺。

2. 中耕培土去侧芽

生姜根系浅，只宜浅耕，以防伤根诱发病害。土层疏松的可以免耕，但要培土，防止姜块露出地面。充分利用生姜肉质根茎向上生长的这一特性，分次多次给姜蔸培土，给根茎创造深厚疏松的土壤环境，不仅可使根茎的长度增加，提高产量，而且肉质也更加脆嫩可口，尤其是收嫩姜的田块更应注意培土。姜田容易滋生杂草，人工除草是姜田管理的一项重要措施，不能用化学除草以防发生药害，人工除草能防止杂草与姜苗争夺养分及减少病虫害的发生。除草可与培土同步结合进行，整个生长期培土 3 次。第 1 次培土在生姜有 3~5 个分枝，且根茎未露出地表时进行。一般在 6 月下旬，培土约 2 cm，不能太厚，太厚会影响根系的透气性，造成生姜新芽生长受阻，分枝减少，根茎生长缓慢。同时除草及去除母姜长出的侧芽，每株保留一个壮芽。第 2 次培土，时间在第 1 次培土约 20 d 后进行，厚度为 2~3 cm。此时母姜两侧又长出 1~2 个芽，这些芽是以后形成姜块和分生新姜的基础，必须加以保留。第 3 次培土为大培土，在第 2 次培土后 15~

20 d进行，即大暑前后，此时根茎迅速肥大，为防止新生根茎外露畦面，培土厚度为7~8 cm。将原来的垄变成沟，原来的沟变为垄，俗称“倒垄沟”。以后若发现有姜芽露出也应及时培土，保证姜块的正常生长。如收种姜或老姜的田块适当减少培土次数，使其增加辣味和纤维含量，以利储藏。

3. 遮阳网膜覆盖

生姜为阳性耐阴植物，夏季气温 32 ℃以上时，光照强度超过 3 万 lx，对姜的正常生长发育十分不利。搭棚铺稻草的传统遮阳方式缺点表现在时空上遮阴不均，且在高温强光下遮光率达不到要求，因此采用目前在花卉栽培上使用的透光率为 40%的遮阳网。在 6 月下旬使用的遮阳网可遮挡直射光，有效降低光强，降低温度，同时具有保湿、防暴雨作用。在根茎迅速肥大，要求有充足光照时，及时将遮阳网拆除。

4. 水分管理

发芽期：底水要浇透，初水要适时。通常直到出苗达 70%左右时才开始浇第 1 水，浇第 1 水后 2~3 d，紧接着浇第 2 水，然后中耕保墒，可使姜苗生长健壮。幼苗期：小水勤浇，及时划锄，破除土壤板结，暴雨过后，及时清沟沥水，做到雨过水干，防止姜田发生渍害。旺盛生长期：大水勤浇，宜在早晚，保持适度，防止积水。立秋之后，地上大量发生分枝和新叶，地下部根茎迅速膨大，植株生长快，生长量大，需水较多，一般每 4~6 d 浇大水 1 次，经常保持土壤相对湿度在 75%~85%，有利于生长。收获前 3~4 d 再浇 1 次水，以便收获时姜块上带潮湿泥土，有利于下窖储藏。

5. 追肥管理

生姜耐肥，营养充足，表现为植株高大，茎秆粗壮，分枝多，叶面积大，产量高，因此在施用基肥的基础上还应分次追肥。幼苗期植株生长量小，需肥量也小，但幼苗期很长，为使幼苗生长健壮，通常于苗高 30 cm 左右，具 1~2 个小分枝时，进行第 1 次追肥，可施有机肥 30 kg/亩，称为“小追肥”或“壮苗肥”。立秋前后进行第 2 次追肥，这次追肥对促进根茎膨大并获取高产起重要作用。这次追肥要求使用肥效持久的农家肥与速效化肥饼肥（菜籽饼和茶枯饼）结合施用，可施发酵腐熟饼肥 50 kg/亩，优质农家肥 2 000 kg/亩，称为“大追肥”或“转折肥”。秋分前后再追施 1 次“壮尾肥”或“膨大肥”，施发酵后的有机肥 10~15 kg/亩。施肥时注意不要淋到姜头，以防伤根烂叶。

四、病虫害防治

病害主要是姜腐烂病，又称姜瘟。姜瘟防治要以预防为主。农业防治措施主要有合理轮作、选用无病种姜、土壤消毒等。发现病株，及时拔除，同时病穴撒生石灰消毒等。

虫害主要有姜螟虫、斜纹夜蛾、地老虎等害虫。根据生姜害虫的趋光、趋化性等特点，可通过物理防治，如利用太阳能诱虫灯进行诱杀甜菜夜蛾和姜螟等害虫，利用黄板进行诱杀蚜虫、潜叶蝇；利用害虫的趋化性，以饵料诱集害虫，达到灭虫的目的。此外，可用茶籽饼浸出液（有效成分皂角苷素），防治蚜虫、蜗牛、蝼蛄、地老虎等害虫。

五、适时采收

适时采收是保证生姜产量和品质的关键，生姜在全生育期中按收获的产品可分为种姜（母姜）、嫩姜和老姜 3 种。种姜（母姜）：一般在 6 月下旬至 7 月上旬苗有 4~5 片叶时新姜开始形成时采收，也可与嫩姜一起采收，采后立即培土，并追肥 1 次。嫩姜多在 8 月上中旬至 9 月下旬采收，到 10 月中旬结束，收获过早产量低，过迟质量差。老姜待地上部茎叶开始枯萎，地下部根茎充分膨大老熟时采收，一般在霜降至立冬前，此时采收不仅产量高，且耐储藏，辣味重，质量好。采收后自茎秆基部削去地上茎（保留 2~3 cm 茎茬），存入地窖，不需进行晾晒，储藏的最适温度为 11~13 ℃，空气相对湿度为 90%。

第九节　绿芦笋优质高效栽培技术

芦笋，又名石刁柏，是多年生宿根性草本植物，经济寿命高达 10 年以上，一年种植，可十年受益。芦笋富含多种氨基酸、蛋白质和维生素，特别是芦笋中的天冬酰胺和微量元素硒、钼、铬、锰等，具有调节机体代谢，提高身体免疫力的功效，在对高血压、心脏病、白血病、血癌、水肿、膀胱炎等疾病的预防和治疗中，具有很强的抑制作用和药理效应。因而，芦笋已成为世界公认的保健蔬菜之一，有“蔬菜之王”之美誉，国内外市场供不应求。2008 年以来，由于大棚配套栽培技术的日益熟化，开化县开始引进绿芦笋进行大棚种植。截至 2020 年，全县大棚绿芦笋种植面积已达 520 亩，成年笋平均年亩产量约1 600 kg，亩产值稳定在 1.6 万元以上，扣除亩均成本约8 500元，亩均纯利润在7 500元以上，经济效益十分可观。现将其优质高效栽培技术总结如下。

一、品种选择

选用优质丰产、抗逆性强、适应性广、商品性佳的杂交品种，如格兰德 F1、绿龙、丰岛、翡翠明珠、特利龙等。

二、播种育苗

1. 播种时期

地温达 10 ℃以上开始播种，春播在 3 月中旬至 5 月中旬播种，秋播在 8 月下旬至 9 月下旬播种，每亩大田需种量 45 g 左右。

2. 浸种催芽

先将种子用 55 ℃温水浸泡 10 min 并搓洗种子，使种子表面略发灰，易于吸收水分。再用清水浸种 36~72 h，气温低浸种时间长，气温高浸种时间短。每天换水 1 次，浸后沥干即可播种，或置于 25~28 ℃条件下保湿催芽，待 10%~20%的种子露白后即可播种。

3. 育苗方式

可采用苗床地、营养钵及穴盘 3 种育苗方式。建议采用 8 cm×8 cm 的营养钵育苗最好，幼苗病株率低，苗壮 、茎粗 、地下根发育良好。营养土一般用疏松的菜园土和腐熟的有机肥按 3：1 的比例配制而成。播种前 1 d 浇足底水，单粒点播，深度为 1.0 cm，随即盖上营养土，铺上遮阳网并浇水保湿。春季低温季节播种，可大棚封膜保温；秋季高温季节播种，可在大棚膜上覆盖遮阳网遮光降温。

4. 苗期管理

播后适当浇水，保持床土湿润。见苗露土后及时揭去保湿的覆盖物。白天棚内温度控制在 20~25 ℃，最高不超过 30 ℃，夜间 15~18 ℃为宜，最低不低于

12 ℃。当幼苗长至20 cm时，可采取通风不揭膜的办法加强通风换气，使幼苗适应外界环境。苗期若幼苗瘦弱应补施苗肥，同时应注意防治立枯病、根腐病、蝼蛄、蚜虫等病虫害。

5. 壮苗标准

春播苗当苗高30 cm以上，有3~5根地上茎、5条以上肉质根，苗龄45~60 d时即可移栽，移栽时间一般在5月上旬至7月上旬。秋播苗一般在翌年3月下旬至4月上旬移栽，要求苗高40~50 cm，有4~5根地上茎、5条以上肉质根，苗龄在180~200 d；也可于9月下旬至10月上旬移栽苗高25 cm以上，有3根以上地上茎，苗龄在30~35 d。

三、大田管理

1. 地块选择

宜选择地势平坦、地下水位较低、排灌方便、土层深厚、土质疏松、肥力较好、pH值6.0~7.5的壤土或沙壤土。

2. 整地施肥

芦笋是深根植物，定植前应深翻土壤，并按种植行距开挖40 cm宽、30 cm深的定植沟，每亩施入腐熟有机肥3 000 ~4 000 kg、三元复合肥20~30 kg、钙镁磷肥50 kg。若有地下害虫问题，可用辛硫磷喷施地面及四周。

3. 定植

一般6 m宽标准大棚做畦4行，8 m宽标准大棚做畦5行，畦宽约1 m，高25 cm，沟宽50 cm，棚边保留50 cm的空当，畦面单行种植，株距30 cm，一般每亩密度为1 500~1 700株。移栽时应大小苗分开，带土移栽，同时要注意将幼苗的鳞芽朝同一方向，便于以后培土和施肥。移栽后及时浇定根水。

4. 栽后当年田间管理

栽后当年以养根壮株为核心，合理调配肥水，尤其要重施秋发肥，力争当年培育成壮株，翌年形成产量。春季定植的芦笋，7—8月开始抽生嫩茎，除了拔除畸形、病虫害茎之外，其余全部留作母茎。进入秋季后可在每穴有12~15

根茎时适当拔除多余的嫩茎作商品笋。

5. 常年的田间管理

(1) 中耕培土。有草害和土壤板结时，应及时进行中耕除草，保持土壤疏松。结合中耕进行培土，使地下茎上面保持 15~18 cm 的土层，培土不可过厚，否则不仅白茎多影响产量，同时出笋阻力增大，也会导致畸形笋比例增加。

(2) 水分管理。根据不同生育期进行水分管理。在植株幼龄期应遵循“少浇勤浇”的原则，土壤相对湿度宜保持在60%左右；留母茎前后不浇水，做到土表相对干燥，否则会造成植株徒长，土壤相对湿度宜保持在50%左右；采笋期间则要求土壤水分供应充足，土壤相对湿度宜保持在 70%~80%。提倡采用滴灌设施，实现水肥同灌。

(3) 追肥。合理追肥是芦笋获得高产的关键，可采取“重施冬腊肥、秋发肥，春秋补追肥”的施肥原则。冬腊肥即在 12 月中下旬冬季清园后每亩沟施腐熟有机肥2 000~3 000 kg加三元复合肥 40 kg；秋发肥即在 7 月中下旬春母茎拔除清园时每亩沟施腐熟有机肥 1 500 kg 和三元复合肥 30 kg。春母茎留养成株后、夏笋采收期间以及秋母茎留养后，可视植株长势进行少量多次追肥，每次每亩施三元复合肥 15 kg。母茎生长后期可结合病虫害防治喷施叶面肥，补充微量元素。

(4) 温度管理。芦笋嫩茎在 10 ℃以上才能生长，15~17 ℃时数量多、质量好，最适宜采收，因此出笋期白天应将棚内气温控制在 25 ℃以下（最高不超过 30 ℃），夜间保持在 12 ℃以上，可通过开闭棚掀裙膜进行调控。冬季低温期间可采用“三棚四膜”进行保温促早发管理，即在 12 月进行清园、土壤消毒、施肥后盖好地膜、小拱棚、中棚和大棚进行保温管理，出笋前拆除地膜，2 月下旬拆除小拱棚，3 月上中旬拆除中拱棚。采用“三棚四膜”管理的可比常规大棚栽培提早 1 个月左右采笋，增加采笋期 20 d 以上。

(5) 留养母茎。春母茎宜在 3 月下旬至 4 月上旬留养，二年生每棵盘留 2~4 支，三年生每棵盘留 4~6 支，四年生及以上每棵盘留 6~8 支；秋母茎宜在 7 月中下旬留养，三年生以内每棵盘留 6~10 支，三年生以上每棵盘留 10~15 支。选留的母茎要求无病虫害、分布均匀，直径最好在 1.2~1.3 cm，太粗会造成分枝过少。

（6）立架打顶整枝清园。当母茎长至 80 cm 时，田间可打立柱并用绳子将植株固定。当母茎长至 120 cm 左右高时，摘除顶芽以控制植株高度。在采笋期间以及春母茎和秋母茎枯枝后，应及时拔除细弱枝、病虫枯枝及残茬，并带离田间。

四、病虫害综合防治

遵循“预防为主，综合防治”的植保方针，优先采用农业防治、物理防治、生物防治等技术，合理使用高效低毒低残留的化学农药，将有害生物危害控制在经济允许阈值内。

1. 病害

茎枯病是为害芦笋生产的最主要的病害。清园后，及时进行地面喷药消毒处理。发病初期可用25%吡唑醚菌酯水乳剂2 000倍液、10%苯醚甲环唑水分散粒剂1 000倍液、25%氟环唑悬浮剂1 000倍液或70%代森锰锌可湿性粉剂600 倍液交替防治。必要时可采取上部叶面喷药、中部茎干涂药、下部浇根的方式进行，采收前 15~20 d 停止施药。

2. 虫害

虫害主要有甜菜夜蛾、蓟马、蚜虫、地老虎等。可采用频振式杀虫灯、性诱捕器、黄板、蓝板、防虫网、糖醋液诱杀等物理、生物防治法，减少虫害的发生。不采笋期间可选用 1%甲维盐乳油2 000倍液、5%氯虫苯甲酰胺悬浮剂1 500倍液或 10%虫螨腈悬浮剂1 500倍液喷雾防治夜蛾类害虫；可选用 2. 5%乙基多杀菌素悬浮剂1 500倍液、20%呋虫胺可溶粒剂1 500倍液或 3%啶虫脒乳油1 500倍液雾防治蓟马、蚜虫；地老虎可选用 1%联苯 · 噻虫胺颗粒剂每亩土壤撒施 3~4 kg，或选用 2. 5%溴氰菊酯乳油 90~100 mL 喷拌细土 50 kg 配成毒土，每亩土壤撒施 20 kg 进行防治。

五、采收

芦笋在温度低于 5 ℃或高于 36 ℃时都会出现休眠状态而不能正常生长。生产上可通过温度调控、品种组合实现周年采笋供应。持续栽培年限为 10~15 年。一般采笋在每天 8:00—10:00 时进行，根据商品质量要求当嫩茎长至 25 cm 高左右时，用锋利的采笋刀齐地割下或用手握住基部，将其轻轻扭转拔起。采收的芦笋应及时进行分级捆扎、装箱预冷后再销售。

第十节 茄子嫁接育苗技术

茄子是衢州市栽培面积较大、生产效益较高的主栽蔬菜品种之一。但由于连作等原因，茄子土传病害发生极为普遍。茄子的土传病害主要有黄萎病、枯萎病、青枯病和根结线虫病。其中，以黄萎病为害最重，为害面积最大。茄子土传病菌在土壤中可存活 3~7 年。施用药剂也难以防治，严重影响茄子的种植效益。选用对黄萎病、枯萎病等土传病害高抗或免疫的茄子砧木进行嫁接，是目前预防茄子土传病害较为理想的栽培措施，具有明显的效果。采用嫁接育苗的方式栽培，茄子商品性好、采收期长、产量高，对黄萎病、立枯病、青枯病和根结线虫病等茄子毁灭性土传病害具有较强的抗性，可以减少化学农药的使用量，克服了连作障碍问题，获得高产高效。

一、砧木的选择

茄子嫁接栽培的主要目的是为了提高其抗病性。因此，砧木选择的首要目标是对土传病害的抗性，兼有良好的生物学特性，如耐寒、耐热和耐涝等。同时，砧木和栽培品种要有较高的嫁接亲和力，嫁接后不能降低其产量和品质。茄子常用的砧木有赤茄、CRP（刺茄）、托鲁巴姆等。

1. *赤茄*

茎上有刺，种子易发芽。赤茄做砧木主要抗枯萎病，中抗黄萎病。黄萎病发病轻的地块可选用此品种，土传病害重的地块不宜使用该品种做砧木。

2. CRP（*刺茄*）

茎叶上刺较多，高抗黄萎病，种子千粒重 2 g，易发芽。与接穗亲和力好、成活率高，生产中应用较普遍。

3. *托鲁巴姆*

对茄子黄萎病、立枯病、青枯病、根结线虫病等土传病害高抗或免疫，抗根腐病能力强，植株生长势极强，适合各种栽培形式。种子千粒重 1 g，难发芽，需激素处理。幼苗初期生长速度极慢，茎叶有刺，嫁接成活率高，耐高温、耐干旱、耐湿、品质好、产量高，生产上应用极为广泛，是理想的砧木材料。以上几种砧木亲和力均较强，嫁接后7~10 d伤口都能愈合。

二、接穗品种

接穗可根据当地的消费习惯、栽培目的等选用市场畅销的主栽品种，如引茄一号、浙茄系列、杭茄系列等。

三、育苗

1. 播种期

根据生产定植期确定砧木、接穗的播种期。砧木比接穗提前播种：用托鲁巴姆做砧木应比接穗提前20~30 d播种，CRP比接穗早播20 d，赤茄提前5~7 d播种。

2. 种子处理

（1）砧木。野生茄先晒种6~8 h，再用55 ℃的热水烫种30 min，然后用30 ℃的温水浸种8 h。洗净种皮上的黏液，用干净纱布包好后催芽。托鲁巴姆砧木种子较难发芽，可采取激素处理：激素处理每千克水加100~200 mg赤霉素，将种子放入其中浸泡24 h，再用清水浸泡24 h，然后放入恒温箱中进行变温催芽处理。一般4~5 d可出芽，种子露白后即可播种。

（2）接穗。接穗的种子要消毒，以免接穗带有病菌，达不到嫁接目的。种子可先用55 ℃的温水浸泡15 min，再用0.3%的高锰酸钾浸泡30 min，然后用30 ℃的温水浸种8 h。洗净种皮上的黏液，用干净纱布包好后催芽，温度控制在25~30 ℃。每天用清水淘洗1次，7 d种子露白后即可播种。若采用变温催芽处理，可提早出芽，且发芽率高。

3. 播种

砧木、接穗播种用的育苗盘、育苗基质等都要消毒，以免带有病菌。育苗盘、基质可拌入多菌灵消毒。将催好芽的砧木种子均匀地播在装满育苗基质的育苗盘内，浇透水，盖上蛭石，再覆盖薄膜保湿，3~5 d出苗后要及时揭膜。

4. 苗期管理

当砧木苗长至1~2叶1心时，移栽至50孔穴盘或8 cm×8 cm营养钵中。

接穗育苗方法同砧木育苗，当接穗苗长至 2 叶 1 心时移栽至 72 孔穴盘中。砧木、接穗苗期进行正常管理，防止徒长，适当追施磷钾肥促苗健壮。嫁接前 5~7 d 对接穗苗和砧木苗采取控水促壮措施，以提高嫁接成活率。对接穗苗进行适当控水，使中午前后略呈萎蔫状态；砧木苗浇水量也要适当减少，但要求苗的萎蔫程度比接穗略轻，经过此处理后的苗耐旱，嫁接时萎蔫轻、成活率高。

四、嫁接期及方法

当砧木苗长到 5~7 片真叶、砧木高度 10 cm 以上、接穗苗长到 4~6 片、茎粗 3~5 mm 时，开始嫁接。嫁接时，砧木切口高度 3~5 cm，不能过高或过矮，过高嫁接后易倒伏；过矮定植时易埋上伤口，茄子再生根扎入土中而感染土传病害，失去嫁接意义。嫁接方法有劈接和斜切接。砧木与接穗粗细接近时，宜采用斜切接；若接穗较细，砧木较粗时，宜采用劈接法。

1. 劈接

操作方便、成活率高，是茄子嫁接最常用的方法。具体做法：先将砧木 3~5 cm 处平切，去掉上部，保留 2 片真叶，然后在砧径中间垂直下切 1~1.5 cm，然后在接穗半木质化处，去掉下部，保留 2~3 片真叶，削成楔形，楔形大小与砧木切口相当，将削好的接穗插入砧木切口中，使两者紧密吻合，用嫁接夹固定。如果当时接穗苗偏小、偏细，应使接穗与砧木的茎一侧对齐，这样有利于成活。

2. 斜切接

嫁接速度快、成活率高，是工厂化嫁接常用方法。具体做法：将砧木保留 2~3 片真叶，用刀片在真叶的上方节间斜削，形成 30°左右的大斜面，斜面长 1.0~1.5 cm，然后将接穗保留 2~3 片真叶削成一个同样长短的斜面。将 2 个斜面迅速贴合至一起，对齐，用嫁接夹固定。

五、嫁接苗的管理

茄子嫁接后应立刻放入提前准备好的塑料小拱棚内，及时扣膜保湿，以免接穗萎蔫，夏季可用遮阳网多层覆盖降温、保湿。嫁接苗的管理主要为温度、湿度、光照等环境因素的控制。

1. 温度

茄子嫁接后伤口愈合的适宜温度为25 ℃左右，温度低于20 ℃或高于30 ℃均不利于伤口愈合，并影响嫁接苗成活。9月中旬气温还很高，尤其中午拱棚内温度很高，接穗易失水萎蔫，降低成活率。因此，需用遮阳网覆盖遮阳降温，白天温度控制在25~28 ℃，不超过30 ℃，夜间20~22 ℃，不低于17 ℃。5~7 d后，逐步去掉遮阳网，接近自然温度。定植前5~7 d要适当进行炼苗，以便定植后迅速缓苗生长。

2. 湿度

嫁接后1周内，苗床内空气相对湿度保持在95%以上，有利于嫁接伤口的愈合。及时补充水分，浇水采用向空气中喷雾的方式，注意不要喷到伤口；育苗钵内水不要过多，以免沤根。经过6~7 d接口愈合后，可揭开小拱棚少量通风，逐步降低湿度，使空气相对湿度保持在85%~90%。10 d后逐渐揭开覆盖物，增加通风时间与通风量，每天中午喷雾1~2次，直至完全成活，再转入正常的湿度管理。

3. 光照

嫁接后需遮光，遮光的方法是在小拱棚上覆盖遮阳网。嫁接后3~4 d需全遮光，后4~5 d半遮阳（即早晚两侧见光），以后逐渐增加光照，去掉遮阳网，并开始适当通风，经过约10 d去掉遮光物，转为正常管理。

4. 除萌和取掉固定物

嫁接后的砧木，应及时摘除砧木的萌芽，保证接穗正常生长。嫁接后20 d左右，去掉固定用的嫁接夹。也可以栽植后去夹。

六、病虫害防治

茄子嫁接苗砧木和接穗小苗主要病害有猝倒病和立枯病，砧木和接穗播种后可用杀菌剂消毒苗床，以防止幼苗出土后感病，如发现病害，在发病初期用95%噁霉灵防治；主要虫害有白粉虱、蚜虫等，可用吡虫啉和阿维菌素等药剂防治。

七、出苗

嫁接后25~30 d出苗。

第十一节　西瓜苗嫁接技术

西瓜在种植过程中受土壤连作障碍影响较大，为降低土壤连作障碍影响，减少土壤土传病害的发生，可以将西瓜苗与黑籽南瓜等砧木进行嫁接，提高西瓜苗的抗逆性，促进西瓜生产。

一、砧木选择

为降低土地连作障碍的影响，选择对西瓜幼苗进行嫁接，提高苗的根系活力，增强苗的抗病抗逆性。在选择砧木时，应充分考虑嫁接亲和力，选择亲和力强共生性好的砧木，一般以南瓜和葫芦为主。

二、接穗品种

要根据种植情况合理选择品种，早春栽培的品种，要选择早熟、耐低温弱光的优质品种，露天栽培的品种要尽量选择抗病抗逆性强的优质高产品种。

三、砧木和接穗播种时间

葫芦播种时期冬春季比接穗提早 7~10 d，秋季提早 5~7 d；南瓜砧木冬春季播种比接穗提早 5~7 d，秋季提早 3~5 d。

四、嫁接方法

1. 插接法

（1）将砧木削除生长点，保留子叶，用竹签尖端紧贴一个子叶的内侧基部向另一子叶斜插 0.5 cm 左右，注意不要刺破砧木表皮，减少伤口。

（2）将接穗子叶下部 0.5 cm 处，用刀片两侧各平滑的斜切 1 刀，切面在 0.5 cm 左右。

（3）将砧木中竹签拔出，插入接穗。

2. 劈接法

（1）将砧木削除生长点，用刀片从生长点位置，向下切 1.2 cm 左右的切口。

（2）从接穗子叶下部 0.5 cm 处斜切 2 刀，保证 1/3 的表皮保留，另 2/3 呈楔形。

（3）将接穗插入砧木，用夹子固定。

3. 靠接法

（1）将砧木削去生长点，用刀片在子叶下方 1 cm 左右位置垂直于子叶的展开方向向下斜切 1 cm，注意切口到茎秆的 1/2~2/3 之内。

（2）用同样的方法在接穗下方 2 cm 处平行于子叶的方向上斜切 1 cm。

（3）将砧木和接穗切口处，斜插在一起，用夹子固定。

五、嫁接苗的管理

（1）嫁接苗对温度要求较高，嫁接后 1~3 d 将白天温度控制在 25~30 ℃，夜间温度控制在 20~22 ℃，促使嫁接苗发根并愈合伤口，如果温度超过 32 ℃可以采取遮阴降温的方法。但如果遮阴后温度仍超过 35 ℃，就要采用膜上浇水降温，有条件的还可采用湿帘降温，保持温度在 32 ℃以下。嫁接后湿度管理很关键，湿度过高嫁接苗易发病腐烂，湿度过低接穗易萎蔫干枯。嫁接后 1~3 d，为促进愈合应以保湿为主，以接穗生长点不积水为宜。

（2）嫁接后 1~3 d 要遮光，但在接穗不萎蔫的情况下可适当见光。一般情况下，嫁接苗在密闭的棚室内，只要湿度达到 90%，接穗就不会萎蔫，因此，嫁接后嫁接苗第 1 d 就可以适当见光，但时间要短，以早晚为宜。

（3）嫁接后 4~6 d 嫁接苗愈合，心叶萌动，温度要适当降低，一般白天温度控制在 22~25 ℃，夜间 18~20 ℃。湿度可降低到 90%，以接穗不萎蔫为宜。应适当通风透光，并逐渐延长光照时间，加大光照强度。当接穗开始萎蔫时，要保湿遮阴，待其恢复后再通风见光。

（4）嫁接 7 d 后嫁接苗基本成活，应以炼苗为主，白天温度仍控制在 22~

25 ℃，夜间则降低到 16~18 ℃，湿度降低到 85%左右，并加大通风透光。此期一般不再需要遮阴保湿，但要时刻注意天气变化，特别是多云转晴天气，转晴后接穗易萎蔫，一定要及时遮阴，通过“见光-遮阴-见光”的炼苗过程使嫁接苗进一步适应外界环境。嫁接苗在生长过程中砧木子叶节上会发生不定芽，此期要及时摘除。通过此方法管理，一般 10 d 后嫁接苗可完全成活，成活后即可进入正常的苗床管理，植株 2 叶 1 心时即可定植。

第十二节　紫苏一种多收生产技术

紫苏是一种具有特异香味的唇形科一年生草本植物，也是一种菜药两用的保健型植物，其叶（苏叶）、梗（苏梗）、果（苏子）均可入药，嫩叶可生食、做汤、作调味品。紫苏在开化县具有悠久的种植历史，但一直处于零星种植状态。2020 年以来，开化县采用“企业+基地+农户”的模式积极引导农户利用抛荒田种植紫苏，到 2021 年种植面积已发展到 550 多亩。经测算，每亩紫苏可产苏叶（鲜品）1 500~2 000 kg，产值 3 000~4 000元，可产苏梗（干品）250 kg，产值 1 000元，亩总产值 4 000~5 000元，扣除亩种植成本 2 560 元，亩净收益可达 1 440~2 440 元，经济效益可观。

一、品种选择

根据紫苏叶的颜色可分为红紫苏和青紫苏。红紫苏叶片多皱缩卷曲，叶片两面紫色或上表面绿色，完整的叶片呈卵圆形，系栽培品种。青紫苏系野生品种，叶片较小，叶片两面均为绿色或灰绿色，香气不如红紫苏，带青草味。生产上一般选用红紫苏。

二、播种育苗

播种。紫苏用种子繁殖，有直播和育苗移栽 2 种方式，生产上多采用直播法，直播具有省工、生长快、采收早等特点。一般在清明前后播种，每亩播种量为 1~1.5 kg，播后覆浅土、浇水、保墒，以利出苗。在 25 ℃的适宜条件下 7 d 左右就可出苗。为防止杂草为害植株，可在播种前 3~5 d 用丁草胺药剂喷洒土表，待苗高 10~15 cm 时，按 20~25 cm 的株行距间苗、定苗，确保每亩苗在 1 万株左右。

三、大田管理

1. 地块选择

紫苏喜温暖湿润的环境。对土壤要求不严，但以土层深厚，疏松肥沃，富含有机质的壤土或沙壤土为好。土壤 pH 值以 6~7 为佳。地块要求阳光充足、排灌方便。

2. 施足基肥

种植前结合翻耕整地，每亩深施腐熟农家肥 3 000 kg、复合肥 50 kg、过磷酸钙 20 kg 做基肥，耙平整细，做成畦面宽 100 cm、畦沟宽 30 cm、畦沟深 20 cm 左右的平畦，以便于多次采收。畦面的土壤必须细碎、紧实、平整，无杂草。

3. 直播

一般在清明前后播种，每亩播种量为 1~1.5 kg，播后覆浅土、浇水、保墒，以利出苗。在 25 ℃的适宜条件下 7 d 左右就可出苗。为防止杂草为害植株，可在播种前 3~5 d 用丁草胺药剂喷洒土表，待苗高 10~15 cm 时，按 20~25 cm 的株行距间苗、定苗，确保每亩苗在 1 万株左右。

4. 中耕除草

紫苏齐苗后或移栽成活后，应及时中耕除草 1 次，以后根据苗情、草情，在紫苏封行前除草 2~3 次，并松土保墒，保持植株通风透光。中耕除草不宜过深，以免伤害根系。直播的容易滋生杂草，如草害严重，可分别在苗高 5 cm、12 cm 左右时用 48% 灭草松水剂 200 mL+20% 精喹禾灵乳油 150 mL 兑水 45 kg 喷施除草。

5. 肥水管理

紫苏抗旱能力较弱，若遇干旱应及时浇水，保持土壤湿润。雨季应注意排水，防止积水造成烂根和脱叶。紫苏生长周期较短，播后 2 个月即可采摘叶片，故追肥应以氮肥为主。一般在苗生长 1 个月后开始追肥，每亩施三元复合肥 15 kg+尿素 10 kg，15 d 后再追 1 次肥，每亩施三元复合肥 5 kg+尿素 15 kg，之后每采收 1 次施 1 次肥，以氮肥为主，搭配适量的磷钾肥。为加速叶片生长，提高叶片质量和产量，还可在每次采摘前 10 d 用叶面宝、保丰素或腐殖酸叶面肥进行叶面喷施。

6. 植株管理

当植株长到 40~50 cm 时，及时摘除开始花芽分化的顶端，防止开花、促进分枝。当植株长到 4~5 茎节时，应将其下部的叶片和枝杈全部摘除，促进植株健壮生长。

四、病虫草害防治

由于紫苏具有特异香气味，一般病虫害发生较少，常见病害有斑枯病、锈病、白粉病等，虫害有红蜘蛛、菜青虫、银纹夜蛾等，草害有菟丝子等。在防治上应以农业防治和预防为主，如选用抗病良种，注意无病株留种；实行轮作换茬，避免重茬；深沟高畦，搞好排水；施足腐熟的农家有机肥，增施磷钾肥，提高抗病力；合理密植，及时摘叶打杈，以利通风透光；清除杂草，烧毁病株残体，消灭菌源等。在此基础上，科学合理进行药剂防治，并严格执行农药安全间隔期制度。

1. 斑枯病

发病初期选用 70%丙森锌可湿性粉剂 700 倍液、50%异菌脲悬浮剂 800 倍液或 10%苯醚甲环唑水分散粒剂2 000倍液喷雾防治。

2. 锈病

发病初期选用 50%三唑酮悬浮剂 800 倍液、20%硅唑 · 咪鲜胺水乳剂 800 倍液或 12. 5%烯唑醇可湿性粉剂 600~800 倍液喷雾防治。

3. 白粉病

发病初期选用 12%的苯甲 · 氟酰胺悬浮剂1 000倍液或 50%醚菌酯水分散粒剂3 000倍液喷雾防治。

4. 红蜘蛛

可用 3%阿维 · 噻螨酮微乳剂 500 倍液或 5%氟虫脲可分散液剂 600 倍液喷雾防治。

5. 菜青虫

可用 1%苦参碱可溶液剂 800 倍液、2%阿维菌素乳油3 000倍液、24%甲氧虫酰肼悬浮剂2 500倍液喷洒防治。

6. 银纹夜蛾

可用0.5%印楝素乳油1 500倍液或2.5%高效氯氟氰菊酯乳油2 000倍液喷雾防治，紫苏叶正反两面喷施效果好。

7. 菟丝子

为寄生性杂草，以茎缠绕紫苏，汲取营养，造成紫苏叶片变黄凋萎。防治方法：在菟丝子出苗后至开花前，用48%仲丁灵1 000倍液于菟丝子缠绕处仔细喷雾，喷湿即可。用药后菟丝子即停止生长，7~10 d后逐渐枯萎而死。

五、采收

1. 苏叶

紫苏以嫩叶茎作为蔬菜食用，一般于5月下旬当第4~5节的叶片最大横径达10~12 cm时即可开始采摘叶片，采收标准是叶片无缺损、无洞孔、无病斑，叶梗长约2 cm。以后每隔15 d左右，待80%新梢恢复长势后再采收1次，一般全年约采收8次，采摘以晴天8:00—10:00为宜。

2. 苏梗

在9月中下旬植株刚长出花序时用镰刀从紫苏根部收割，或者连根挖起，将植株置通风处阴干、晒干后作为药材出售。

3. 苏籽

若要采收种子，植株可在8月开始不再采收苏叶，以制造养分供应种子生长。紫苏为无限花序，籽实成熟早晚不一。可在9—10月，当种子大部分转褐成熟时（苏子50%左右成熟时）一次性割下果穗或全株，晴天晾晒数日后脱粒。

第十三节　早熟花椰菜栽培技术

早熟花椰菜（又称早熟花菜）生长速度快、在田时间较短，一般在国庆前后上市，恰逢市场需求的旺季，因而价格好、效益较高，一直是浙西地区城郊菜农喜欢种植的秋季蔬菜。近几年来，随着穴盘基质育苗、滴灌技术的应用与推广，使早熟花菜的种植变得更为省工、省力、节本。现将浙西地区早熟花椰菜栽培技术简述如下。

一、品种选择

选择熟期为50~65 d（定植至采收）的花椰菜品种，如台松55、台松60、浙松50、亚非65等早熟品种。

二、培育壮苗

1. 播种期

浙西地区早熟花菜适宜的播种期为7月上中旬，不宜盲目抢早，否则容易产生不良花球。

2. 育苗设施

秋季早熟花菜宜在大棚设施内进行避雨育苗，有条件的大棚周围用22~24目的防虫网覆盖（大棚顶部仍用薄膜覆盖），可有效防治蚜虫、小菜蛾、跳甲等为害，减少用药。

一般采取穴盘育苗。可选用50孔或72孔穴盘。育苗基质选用商品基质如金色3号等，也可用草炭：蛭石按3：1配制，但要注意配施肥料和对基质进行消毒。

3. 播种

（1）预湿、装盘。播种前先将基质预湿，湿度60%~70%，然后把育苗基质装入穴盘，刮除多余的基质。

（2）压穴。用工具或手指压孔深0.5~1 cm，或将穴盘垒起，轻压。

（3）播种、盖基质。干籽播种，每穴播1~2颗种子，播后盖蛭石，浇透水，以水从穴盘底孔滴出为宜，然后在穴盘上盖双层遮阳网。

4. 苗期管理

（1）水分管理。出苗前注意保湿。每天浇水1次，以早上浇水为宜，每次要浇匀、浇透。注意苗床穴盘边缘容易失水，应适当多浇水和重点补水。

（2）遮阳网管理。一般播种后2~3 d出苗，出苗后及时揭去遮阳网，改用小拱棚覆盖。苗期应注意遮阳网的揭盖管理，一般在晴天的10:00—4:00覆盖，阴雨天不盖，以防高脚苗。移栽前要进行秧苗锻炼，减少覆盖时间。

（3）分苗。子叶展平后，应及时分苗、补苗，使秧苗生长整齐一致。

（4）苗期病害防治。预防猝倒病、立枯病可用72.2%霜霉威盐酸盐水剂500~600倍液或用30%甲霜·噁霉灵可溶液剂1 000倍液进行喷雾防治。防治小菜蛾可用2.5%多杀霉素悬浮剂1 500~2 000倍液等进行防治。

5. 壮苗标准

苗期25~30 d，幼苗具5~6片真叶，根系发白，容易取苗，不散坨。

三、大田管理

1. 定植

（1）整地施肥。种植早熟花菜应选择排灌方便、土层深厚肥沃的田块。前作清除后，应及时翻耕，并每亩施腐熟有机肥1 000~2 000 kg，氮、磷、钾三元复合肥（15-15-15）40~50 kg，硼砂1 kg。筑畦，畦面宽0.8~0.9 m，沟宽0.4~0.5 m。

（2）草害防治。整地后用丁草胺封闭防草害。每亩用40%丁草胺水乳剂125 mL，视天气及土壤湿度情况，加水60~75 kg。

（3）铺设滴灌带。定植前要及时安装滴灌系统，铺设滴灌带（也可在定植后进行）。在畦中央铺设1~2根滴灌带，最好选择内镶式滴灌。因为内镶式滴灌出水均匀，利于肥水一致，使花菜生长整齐、上市较为集中。

（4）定植。每畦双行定植，株距0.35~0.40 m，行距0.50 m，每亩栽2 000~2 400株。最好选阴天或晴天下午移栽以利缓苗。定植后要浇足定根水。

2. 田间管理

（1）遮阳促缓苗。栽后3~4 d如遇高温天气，可架小拱棚在中午前后用遮阳网遮阳，促进缓苗。缓苗后不再覆盖遮阳网。

（2）肥水管理。定植后3 d内，早晚开滴灌浇水，促进缓苗。秋季温度高，蒸发量大，应常用滴灌浇水，3~5 d 1 次，以保持土壤湿润。浇水应在早晚进行，避免在中午高温时浇水；植株成活后，每亩用尿素 5 kg 随滴灌追施，促进植株生长；花菜现蕾后，重施 1 次肥料，随滴灌每亩施全水溶性复合肥 15 kg（普通复合肥不宜用作滴灌追肥，否则容易堵塞滴灌带）。花菜对缺硼敏感，可在花球形成初期和中期叶面喷施浓度为 0.1%~0.2%的硼砂溶液。

（3）折叶盖球。花球受太阳强光照射，色泽则会由纯白变成淡黄，降低品质。因此，在花球形成初期（小花球刚出现）应折叶覆盖，使花球色白。

四、病虫害防治

1. 病害

（1）霜霉病：发病初用 64%噁霜・锰锌可湿性粉剂、58%甲霜灵可湿性粉剂或 72%霜脲・锰锌可湿性粉剂 500~600 倍液喷雾防治；

（2）黑腐病、软腐病：药剂可用 20%噻菌铜悬浮剂 300~500 倍液等喷雾防治。

2. 虫害

（1）黄条跳甲：药剂可选用 22%氰氟虫腙悬浮剂 500 倍液或 20%呋虫胺可溶粒剂 800 倍液等防治；

（2）蚜虫：药剂可选用 10%吡虫啉可湿性粉剂 1 000倍液、20%啶虫脒可湿性粉剂 2 000~3 000倍液、25%噻虫嗪水分散粒剂 3 000~4 000倍液防治；

（3）小菜蛾、斜纹夜蛾：宜早防早治，在 3 龄前用药。药剂可选用 20%氯虫苯甲酰胺悬浮剂 800~1 000倍液、50%虱螨脲乳油 1 000~1 500倍液、24%甲氧虫酰肼悬浮剂 1 000~1 500倍液等轮换喷雾防治。喷药时间以早晚为宜。

五、采收

花菜宜适期采收。采收过早，花球小，影响产量；采收过晚，花球变松散，品质差。适宜的采收标准：花球充分长大，边缘最外一个小花枝（蕾）与主球出现小裂缝。采收花球时应保留几片叶子，用于包装运输过程中保护花球，使其免受损伤。

第三章　高效生产模式

第一节　高山生姜间作豇豆绿色高效栽培模式

高山生姜是江山市山区乡镇的传统支柱产业，有着十分悠久的种植史。近几年来，为更好地提升高山生姜种植效益，江山市农业部门开发出高山生姜间作豇豆绿色高效栽培技术，运用该技术，不仅能增加一茬豇豆收益；而且前期能利用豇豆苗架为生姜遮阴，后期又能利用收获后的豇豆残体覆盖生姜畦面抗旱保湿；还能有效利用生姜浅根性、豇豆深根性的根系互补特点分层吸收土壤养分，并利用豇豆根瘤菌的固氮作用减少氮肥使用量，起到一举多得的作用，生态绿色增收效应显著。

一、种植茬口与季节安排

栽种在海拔500~800 m的高山生姜宜选择在5月上旬定植，豇豆可选择在生姜定植前10 d至定植后3 d范围内任意时间段播种，播种采用种子直播方式（表1）。

表1　高山生姜间作豇豆茬口安排

作物	移栽（播种）期	采收期
生姜	5月上旬	10月下旬至11月
豇豆	4月底至5月上旬	7月上旬至9月上旬

二、预期产量及效益

生姜产量1 850 kg/亩、产值18 500元/亩，豇豆产量2 000 kg/亩、产值8 000元/亩，扣除各项成本，实现总效益16 500元/亩的高效益，比单纯种植生姜每亩增加效益4 000元，增幅高达32%（表2）。

表 2 高山生姜间作豇豆产量效益

作物	产量（kg/亩）	产值（元/亩）	净利润（元/亩）
生姜	1 850	18 500	12 500
豇豆	2 000	8 000	4 000
合计	3 850	26 500	16 500

三、栽培技术

（一）高山生姜

1. 种植前准备

（1）栽培地选择。宜选择地势较高、土层深厚、有机质丰富、排灌方便、近 3 年未种植过生姜和豇豆的地块。

（2）种苗选择。应选择适合浙西地区高山气候、产量高、抗病性好、生育期适中的浙江本地品种，如红爪姜等。

（3）整地做畦。每亩施腐熟有机肥 4 000 kg+N-P-K 含量为 16-16-16 的三元复合肥 50 kg，均匀撒施后耕翻 30 cm，然后整成畦宽 120 cm、沟宽 30 cm、畦高 20 cm 栽培畦。

（4）催芽育苗。熏姜催芽，温度控制在 25 ℃，催芽 35～40 d，每块留 1～2 个长势强的壮芽，抹去多余的姜芽。

2. 栽种

栽种在海拔 500～800 m 的高山生姜宜选择在 5 月上旬定植较好。定植时按每畦种两行、行距 75 cm、株距 25 cm，亩栽 3 500 株。

3. 田间管理

（1）水分管理。生姜根系很浅，既不耐干旱，又不耐水涝，因此要视姜苗生长和天气情况合理浇水。一般情况下，出苗率达到 70% 时开始浇第 1 水。幼苗期植株较小，且根系不发达，宜小水勤浇。旺盛生长期植株生长最快，对水分的需求量大，一般每 5～7 d 灌水 1 次。注意梅雨期雨水增多，要及时排水排涝。

（2）养分管理。生姜生长期较长，极耐肥。在施足基肥的情况下，应适时适量施用追肥。发芽期生姜主要依靠自身养分生长，一般无须追肥。幼苗期植株需肥量不大但生长时间长，宜在苗高 30 cm 左右并具有 1～2 个分枝时施 1 次壮苗肥，每亩用碳铵 10 kg+过磷酸钙 10 kg 兑水穴施。8 月初植株进入旺盛生长期，每亩用 N-P-K 含量为 16-16-16 的三元复合肥 15～20 kg 兑水穴施。9 月中下旬是高山生姜地下根茎迅速膨大期，每亩用含量为 16-16-16 的三元复合肥 15 kg+尿素 10 kg 兑水穴施膨大肥。

（3）病虫害防治。高山生姜主要病虫害有姜瘟、姜斑点病、姜螟等。姜瘟为细菌性病害，发病初期可用 20%噻森铜悬浮剂 500 倍液，每 7～10 d 灌根防治 1 次，当田间发现病株后，应及时拔除中心病株，并挖出带菌土壤，撒施生石灰消毒。姜斑点病发生时，可于发病初期叶面喷施 20%噻菌铜悬浮剂 1 000倍液，每隔 7～10 d 喷 1 次，连喷 2～3 次。当见到姜螟幼虫钻蛀咬食时，应叶面喷施 20%氯虫苯甲酰胺悬浮剂 5 000倍液、5%甲氨基阿维菌素苯甲酸盐乳油 1 500倍液、2. 5%氯氟氰菊酯乳油 5 000倍液交替轮换防治。

4. 采收

11 月待高山生姜地上部植株开始枯黄，根茎充分膨大时挖采，霜冻前应采收完毕。

（二）高山豇豆

1. 品种选择

宜选择商品性好、抗病性强、高产优质、耐高温的中熟品种，如之豇 106 等。

2. 播种时间

为充分发挥豇豆对生姜的遮阴作用，在提前整好栽培畦的前提下，豇豆可选择在生姜定植前 10 d 至定植后 3 d 范围内任意时间段播种，播种采用种子直播方式，掌握在每畦中间，即畦上 2 行生姜种植行的中间直播 1 行豇豆，株距 15 cm，亩栽3 000穴，每穴播种 3 粒，在 4 片真叶期前间苗定苗，每亩不少于 6 000株。

3. 田间管理

（1）搭架引蔓。当主蔓长至 5～6 片叶时要及时搭架，此时在每株豇豆边插入 1 根 2 m 长的竹扦，考虑到本技术栽培只搭一字形长架，抗风抗倒能力较差，所以竹扦要尽可能地插得深，并在距地面 1. 3 m 处用长竹扦作横向固定杆，另还须每间隔 5～6 m 在横向固定杆上搭一个加强辅助型人字架，以进一步确保豇豆架子的稳固性。

引蔓宜选择在晴天的下午进行，注意引蔓要均匀，以有利于通风透光。

（2）植株调整。由于是单行宽幅种植，加之豇豆是深根性蔬菜和生姜前期生长缓慢的因素，豇豆在生长过程中的光、温、水、肥等栽培条件均十分适宜，因而要不同于其他常规栽培，一般可视品种特性在管理过程中针对性地采用整枝、抹芽、摘心等措施。

（3）水肥管理。坐荚前以控水为主，适当蹲苗，以促进发根和茎叶稳步健壮生长。第一花序坐荚后开始追肥浇水，每亩用尿素 5 kg 或硫酸铵 10 kg 冲水浇施。旺采期每亩用 N-P-K 含量为 16-16-16 的三元复合肥 20 kg 或尿素 20 kg，分多次交替施用，一般间隔 5~7 d 施 1 次。

（4）病虫害防治。高山豇豆病害主要有病毒病、白粉病、锈病等，虫害主要有豆荚螟、豆野螟、豆蚜、美洲斑潜蝇等。病毒病防治关键是要及时治蚜，初发时可用 2%宁南霉素水剂 200 倍液或 10%吗啉胍+10%乙酸铜可湿性粉剂 500 倍液防治。白粉病在发病初期选用 4%四氟醚唑水乳剂 500 倍液或 36%硝苯菌酯乳油 1 000倍液防治。锈病发病初期选用 10%苯醚甲环唑可湿性粉剂 1 000倍液防治。豆荚螟、豆野螟可用 15%茚虫威悬浮剂 4 000倍液，或用 5%氯虫苯甲酰胺胶悬剂 1 000倍液，10: 00 前或傍晚进行喷雾防治，重点喷施植株花蕾、嫩荚和落地花。豆蚜防治应及早用药，将其控制在点片发生阶段，药剂可用 99%矿物油乳油 100 倍液或 22. 4%螺虫乙酯悬浮剂 1 500倍液防治。美洲斑潜蝇防治可选用 30%灭蝇胺可湿性粉剂 900 倍液或 25%乙基多杀菌素水分散粒剂 5 000倍液防治。

4. 及时采收

当高山豇豆荚条粗细均匀、荚面豆粒处不鼓起、达到商品荚上市标准时，应立即采收。如采收过晚，不仅影响豇豆炒食风味，而且还影响下批嫩荚生长。一般盛收期应每天采收 1 次，后期可隔天采收 1 次。

5. 采后管理

由于生姜与豇豆不是同科作物，所以当豇豆采收结束后，在尽量不拨动豇豆根系的前提下（因为拨动豇豆根系会影响到生姜的根系，进而影响生姜生长），应及时放倒竹扦，连同豇豆残株一起铺放在生姜的栽培行间，当作高山生

姜的天然覆盖材料直至生姜采收。如采收后豇豆白粉病、锈病严重，则放倒前针对性喷1次防治白粉病或锈病的农药；如采收后豇豆病害不严重，则用50%百菌清可湿性粉剂统防1次，以降低田间病菌基数。

第二节　山地长瓜套种四季豆绿色高效生产模式

一、种植茬口与季节安排

长瓜于4月上旬播种育苗，8月上旬采收结束，四季豆于8月初直播于长瓜畦中，于10月初始收（表3）。

表3　山地长瓜套种四季豆茬口安排

作物	播种期	移栽期	采收期
长瓜	4月上旬	4月下旬	6月上旬至8月上旬
四季豆	8月初	—	10月初至始霜

二、预期产量及效益

长瓜产量4 000 kg/亩、产值9 600元/亩，四季豆产量1 400 kg/亩、产值5 200元/亩，扣除各项成本，实现总效益6 800元/亩，比单纯种植长瓜每亩增加效益2 200元，增幅高达47.8%（表4）。

表4　山地长瓜套种四季豆产量效益

作物	产量（kg/亩）	产值（元/亩）	净利润（元/亩）
长瓜	4 000	9 600	4 600
四季豆	1 400	5 200	2 200
合计	5 400	14 800	6 800

三、栽培技术

（一）长瓜

1. 品种选择

选择品质好、产量高、抗性强的浙蒲9号、浙蒲8号等。

2. 苗床准备

在专用育苗大棚内进行。选用3年未种过长瓜的肥沃园土70%，与经无害化处理的有机肥30%配合，每立方米肥土中加0.5~1.0 kg复合肥（N-P_2O_5-K_2O=15-15-15），混合均匀整细过1 cm见方筛，制成营养土。也可购买蔬菜育苗商品基质或泥炭等基质材料按说明进行混配。床土采用每平方米育苗床用50%多菌灵可湿性粉剂20 g兑水15 kg清水喷洒消毒，后盖膜堆积7 d以上，可杀死土壤中病菌。在使用前7 d打开，使气体挥发。

3. 种子处理

播前晒种2~3 d，每天晒3~4 h。浸于55 ℃的热水中不停搅拌，保持水温恒定15~20 min，待水温降至30 ℃时继续浸种12 h左右，种子捞出洗净后，稍加晾干，再用干净湿布包好，在20~30 ℃下催芽72 h，待一半种子露白时播种。

4. 播种方式

浇足底水渗透后将发芽种子1粒播于穴中，边播边覆盖细土、育苗基质或泥炭等，覆盖基质要求半干半湿易散开，覆盖厚度在1.0~1.5 cm。

5. 整地施肥

定植前10~15 d施基肥，亩施经无害化处理的农家肥3 000 kg或商品有机肥500 kg，深翻0.20~0.30 m后整平，沟施过磷酸钙25 kg，复合肥40 kg（N-P_2O_5-K_2O=15-15-15），覆盖黑地膜。隔5畦开一条深沟，长45~50 m开一条腰沟以确保排水顺畅。

6. 移植定苗

土块育苗定植前苗床浇透水，带土起苗以减少根系损伤；营养钵和穴盘育苗定植前应保持偏干以方便脱苗。在栽培畦上按每畦定植2~3行，行距0.70 m，株距0.55~0.60 m，定植时苗坨土面与畦面平齐，并用土封严定植孔，定植后立即浇足定根水。

7. 水肥管理

生长期间保持土壤湿润。遇到干旱时适量灌水；大雨后及时排水。山地长瓜前期需氮肥较多，中后期需磷、钾肥较多。一般在施足基肥的基础上，在苗期可适当施尿素或复合肥，促进苗生长，等开花结果后尽量少施氮肥、多施磷钾肥，以免发生徒长和生长过旺等现象。

8. 培土与整枝

定苗后培土1次，大风雨季要防止植株倒伏。及时摘除基部老叶，并及时运出田间集中处理，保持田间清洁生产。在长到0.9 m、7片真叶时打顶和绑藤，即摘除嫩头和用绑绳将瓜藤绑上架。开花结果期间，应及时剪除已采收过嫩果的各节老叶，带出田间集中处理，减少病害发生。由于7月、8月气温较高，山地长瓜植株将疯长，为防止徒长，要将没有用的叶片与枝条及时修剪，以保持通风。

9. 病虫害防治

长瓜病虫害主要有疫病、白粉病、蔓枯病、蚜虫、瓜绢螟等。疫病可用47%烯酰·唑嘧菌悬浮剂1 000倍液或66.8%丙森·缬霉威可湿性粉剂500倍液防治；白粉病可用15%三唑酮可湿性粉剂1 000倍液或40%腈菌唑1 500~2 000倍液防治；蔓枯病用60%唑醚·代森联可湿性粉剂500倍液或用50%异菌脲可湿性粉剂800倍液喷雾防治；蚜虫用10%吡虫啉可湿性粉剂2 000倍液防治；瓜绢螟用0.5%阿维菌素乳油500倍液或15%茚虫威悬浮剂3 500~4 000倍液防治。

(二) 四季豆

1. 品种选择

选择浙芸9号四季豆。

2. 适时播种

每亩用种量1.5 kg，在长瓜地架秆间直播，注意每2根架秆之间播2穴，每穴播3~4粒种子。

3. 栽培管理

出苗后及时查苗、补苗、间苗，一般每穴留2~3株健壮苗，同时及时中耕松土，并在畦面铺草。当植株节间伸长开始抽蔓时，将四季豆苗分株引蔓。

4. 肥水管理

因四季豆是套种，没有基肥施入，所以应重视追肥的施用。苗期应追肥1~2次，开花结荚期重施追肥2~3次，每隔7~10 d 1次，每次每亩施复合肥10~15 kg（$N\text{-}P_2O_5\text{-}K_2O=15\text{-}15\text{-}15$）。

5. 病虫害防治

四季豆主要病虫害有锈病、炭疽病、豆野螟、蚜虫等。锈病可用40%氟硅唑

6 000倍液或25%三唑酮可湿性粉剂1 500倍液防治；炭疽病可用25%咪鲜胺乳油600倍液或60%苯醚甲环唑水分散粒剂5 000倍液防治；豆野螟可用2.5%阿维·甲氰乳油2 000倍液或15%茚虫威悬浮剂4 000倍液防治；蚜虫可用10%吡虫啉可湿性粉剂1 500倍液喷雾防治。

第三节　冬春甘蓝—夏秋黄瓜山地蔬菜生产模式

常山县芳村镇地处山区，山多地少，而自然生态优越、远离工业污染，农民勤劳多有种植山地蔬菜习惯，且能充分利用土地和光温水资源，进行间作套种，提高单位产出率和经济效益。如芳村镇岩背村农民利用山区冬春季发展加工甘蓝提高土地利用率，夏季山区自然生态、气候等条件种植黄瓜，有效克服夏季高温障碍，为黄瓜的生长发育提供必要条件，确保盛夏黄瓜的正常生长和夏秋季节淡季上市；利用不同种类间蔬菜接茬栽培，较好地克服连续种植同一类作物引起的连作障碍，减少作物土传病害的发生；充分利用夏季山区气候资源，提高土地资源的利用率，提高山区山地蔬菜生产效益。实践创造并推广应用冬春甘蓝—夏秋黄瓜模式，一般亩产值达14 000元，经济效果显著。该种植模式适宜海拔高度350~500 m 的山区种植。

一、种植茬口与季节安排

种植茬口安排见表5。

表5 冬春甘蓝—夏秋黄瓜茬口安排

种植方式	种植种类	种植时期		
		播种	定植	采收期
冬春加工型栽培	甘蓝	11月上旬	2月中旬	5月下旬至6月上旬
山区露地栽培	黄瓜	6月下旬至7月上旬	直播	8月上旬至10月下旬

二、预期产量及效益

产量效益见表6。

表6 冬春甘蓝—夏秋黄瓜产量效益

作物	产量（kg/亩）	产值（元/亩）	净收入（元/亩）
包心菜（加工订单）	5 000	2 000	1 300
黄瓜	8 500	12 000	7 000
全年合计	13 500	14 000	8 300 （不包括用工）

三、栽培技术

（一）春甘蓝（包心菜）

1. 品种

京丰1号。

2. 播种育苗

选用近年未种过十字科蔬菜和油菜无病虫源的稻田土作苗床，苗床基肥每亩用腐熟农家肥2 000 kg 、钙镁磷肥 30 kg。11 月上旬播种，当幼苗达到 2~3 片真叶时，及时间苗。2月中旬定植。

3. 种植密度

每亩定植1 800~2 000株。

4. 肥水管理

每亩施碳铵30 kg，纯酸过磷酸钙40 kg，根据生长状况及时追施苗肥，亩施10 kg复合肥+尿素10 kg，结球肥每亩25 kg尿素+10 kg尿素。

5. 环境调控

因山区气温较低，最低可达零下10 ℃以下，当气温低于0 ℃时要用小拱棚覆盖苗床，加强夜间保温防冻。

6. 栽培管理

加强田间清沟排水，防止田间积水，适时中耕锄草。

7. 病虫害防治

春甘蓝主要病害有霜霉病，用50%多菌灵可湿性粉剂600倍液防治；主要虫害有蚜虫、菜青虫，蚜虫用10%吡虫啉可湿性粉剂1 500倍液防治，菜青虫用5%氯虫苯甲酰胺悬浮剂1 500倍液或1.8%阿维菌素水乳剂1 000倍液喷雾防治。

（二）夏秋黄瓜

1. 品种

津优4号、中农8号等。

2. 播种

播前用55 ℃温汤浸种15 min，25~30 ℃恒温条件下催芽20 h即可直接播种于大田。

3. 栽培方式

高畦深沟，畦连沟1.4 m，畦宽0.9 m，沟宽0.5 m，沟深0.3 m，每畦种2行。

4. 播种密度

每亩定植2 500~2 800株。

5. 肥水管理

每亩播种后用10%腐熟人粪尿并加入40%辛硫磷乳油1 500倍液和50%多菌灵可湿性粉剂1 000倍液穴浇施。3.5叶时中耕培土除草1次，并追施少量人粪尿加

0.5%复合肥1次，并铺草覆盖降温保湿。黄瓜膨大始期开始追施复合肥，每亩15 kg结合浇水施入。以后每隔5~7 d追施1次复合肥，但每次施肥掌握肥淡水足，达到施肥与灌溉相互结合。同时结合治虫防病喷施叶面微肥，补充微量元素。

6. 栽培管理

植株吐须时，及时搭架，并根据植株长势随时绑蔓，勤施薄肥，及时清沟排渍。

7. 病虫害防治

病害主要有细菌性叶斑病、霜霉病、病毒病、细菌性角斑病。细菌性叶斑病、细菌性角斑病用铜制剂等；霜霉病用64%噁霜·锰锌可湿性粉剂800倍液、75%百菌清可湿性粉剂800倍液、70%丙森锌可湿性粉剂700倍液防治。采取预防与防治相结合。虫害主要有蚜虫、瓜绢螟等，药剂用10%吡虫啉可湿性粉剂2 000倍液、5%氯虫苯甲酰胺悬浮剂1 500倍液、2%甲维盐水乳剂1 500倍液、1.8%阿维菌素乳油1 500倍液交替使用。

第四节　大棚早春西葫芦—夏芹菜—秋延后辣椒生产模式

开化县芹阳办十里铺村属于低海拔丘陵地区，是开化县最主要的蔬菜基地，农民以种菜为主要产业和收入来源，生产经验丰富，擅长精耕细作，且多有间作套种习惯以提高土地利用率和效益，不断摸索创造高效生产模式，如当前推广应用早春西葫芦—夏芹菜—秋延后辣椒模式，适合低海拔丘陵地区栽培，严格按照无公害标准生产，年年稳产、优质、高效。

一、种植茬口与季节安排

种植茬口安排见表7。

表7　大棚早春西葫芦—夏芹菜—秋延后辣椒茬口安排

种植方式	种植种类	种植时期		
		播种	定植	采收期
大棚春提早栽培	西葫芦	1月	2月至3月上旬	3月下旬至5月上旬

（续表）

种植方式	种植种类	种植时期		
		播种	定植	采收期
大棚避雨遮阴栽培	芹菜	4月中旬	5月下旬	6月下旬至7月
大棚秋延后栽培	辣椒	7月下旬	8月下旬	9月下旬至12月

二、预期产量及效益

产量效益见表8。

表8 大棚早春西葫芦—夏芹菜—秋延后辣椒产量效益

作物	产量（kg/亩）	产值（元/亩）	净收入（元/亩）
西葫芦	2 120	4 091	3 182
芹菜	1 288	5 152	4 167
辣椒	1 364	6 818	5 000
全年合计	4 772	16 061	12 349

三、栽培技术

（一）大棚早春西葫芦

1. 选择品种

早青一代等。

2. 播种育苗

大棚内小拱棚营养钵播种育苗。播前温汤浸种。当苗有4~5片真叶、苗龄35~40 d时定植，定植前5~7 d降温炼苗。

3. 种植密度

每亩定植2 000~2 200株。

4. 温度调控

定植后1周闭棚保温，遇低温多层覆盖。缓苗后适当通风降温，坐瓜后则适当提高棚温。后期气温升高可加大通风量并逐渐拆除裙膜。

5. 促花促果

生长早期可用30 mg/L 2,4-滴点花，中后期采用每天上午人工授粉。

6. 肥水管理

亩施腐熟有机肥 2 500 kg，复合肥 50 kg 作基肥。根瓜及第 2 条瓜膨大时结合浇水各追肥 1 次，亩施复合肥 15 kg，以后视采收情况追施。

7. 病虫害防治

霜霉病可用 25%甲霜灵可湿性粉剂 500 倍液、75%百菌清可湿性粉剂 600 倍液防治；白粉病可用 50%多菌灵可湿性粉剂 600 倍液、40%氟硅唑乳油 800 倍液防治；红蜘蛛可用 25 g/L 联苯菊酯乳油3 000倍液喷雾防治。

（二）大棚夏芹菜

1. 品种

津南实芹、玻璃脆芹、正大脆芹等。

2. 育苗

播前浸种催芽。先在清水中浸 24 h，晾干后再用湿纱布包好置冰箱 5 ℃下处理，每天翻洗 1 次，当有 60%种子露白即可播种。秧苗有 5~6 片真叶，苗龄 40 d时定植。

3. 定植密度

每亩定植 18 000~20 000株。

4. 遮阳避雨

采用网膜覆盖。遮阳网早盖晚揭，并随气温升高，逐渐增加覆盖时间。

5. 肥水管理

每亩施腐熟有机肥 2 500 kg，尿素 20 kg，过磷酸钙 60 kg 作基肥。定植成活后，肥水及时跟上，小水勤浇，薄肥勤施，保持土壤湿润，有条件可使用微喷设施。梅汛期则应做到雨停不见明水。追肥以尿素、人粪尿为主，可结合叶面肥，还可喷施 2~3 次速溶性硼肥。后期可追施氯化钾 15 kg/亩。

6. 应用生长调节剂

采收前 2 周可用 80 mg/L 赤霉素喷洒植株。

7. 病虫害防治

病害主要有斑枯病、叶斑病，可用 50%多菌灵可湿性粉剂 600 倍液、75%百菌清可湿性粉剂 600 倍液；病毒病可用 20%吗胍·乙酸酮可湿性粉剂 500 倍液喷雾防治；

软腐病可用30%琥胶肥酸铜可湿性粉剂500倍液或45%代森铵水剂800倍液浇根；蚜虫可用10%吡虫啉可湿性粉剂3 000倍液，1%阿维菌素水乳剂3 000倍液防治。

（三）大棚秋延后辣椒

1. 品种

弄口早椒、洛椒7号、采风一号等。

2. 育苗

大棚内进行，遮阳网覆盖降温防雨。播前温汤浸种，再用10%磷酸三钠浸25 min钝化病毒。苗龄30 d，8~10片真叶时定植。

3. 定植密度

每亩定植3 500株。

4. 温度调控

前期遮阳网覆盖降温保湿。当白天温度稳定在28 ℃以下揭除遮阳网。当外界夜温小于15 ℃，晚上扣棚保温，小于10 ℃则应加盖小拱棚。随气温下降白天逐渐缩短通风量。

5. 保花保果

开花时可用30 mg/L防落素喷花。

6. 肥水管理

亩施腐熟有机肥2 000 kg，复合肥50 kg作基肥。前期勤浇水，并根据秧苗长势追施1~2次稀薄人粪尿。扣棚后以保持土壤不发白为宜。门椒对椒坐稳后及时追肥，以复合肥为主，亩施15 kg，并可结合叶面追肥。采收后每隔2周亩追施复合肥10 kg。

7. 病虫害防治

病毒病可用20%吗胍·乙酸铜可湿性粉剂500倍液；炭疽病可用80%福·福锌可湿性粉剂800倍液、50%异菌脲悬浮剂1 000倍液；菌核病可用70%甲基硫菌灵可湿性粉剂800倍液喷雾防治。疫病可用58%甲霜·锰锌可湿性粉剂、64%噁霜·锰锌及77%氢氧化铜可湿性粉剂500

倍液喷雾、800倍液灌根。蛀果害虫可用5%氯虫苯甲酰胺悬浮剂2 000倍液防治。

第五节　水芹—莲藕水旱高效轮作模式

衢州水芹一般采取土培软化栽培（旱作），并与其他蔬菜实行间隔1~2年的轮作，但轮作效果不理想，不能消除土传病害。通过近几年的研究证明，采取水芹（旱作）与莲藕水旱轮作，可以改善土壤中的菌群结构，土壤中有益菌增加，有害菌减少（大部分有害菌属好氧菌，在长期淹水条件下缺氧死亡），减轻控制病害的发生；莲藕叶还田，增加了土壤有机质，土壤变肥沃疏松，可以促进水芹生长，同时方便培土，节省了生产成本，提高种植的综合效益。

一、茬口季节安排

水芹8月中下旬至9月播种育苗，9月中下旬至10月中下旬定植，采收期为11月中下旬至3月。水芹采收后及时清园、灌水、施有机肥、翻耕、耙平土地。莲藕3月底至4月上旬播种，7月中下始收，8月下旬前收毕。莲藕采收后放干田水，施入有机肥，翻入土中。9月中旬后种植下一茬水芹。

二、产量效益分析

采取该模式，水芹亩产量可达2 000~3 000 kg，产值12 000~16 000元；莲藕亩产量2 000~2 500 kg，产值6 000~8 000元，两项合计亩产值可达18 000~24 000元。

三、栽培技术

（一）水芹栽培技术

1. 育苗

8月中下旬，选择有机质含量丰富的藕田苗床。藕田采收后，并做成畦状，每亩水芹本田需苗床40~50 m^2。将老熟水芹花茎剪成10~15 cm长的茎段在畦面上均匀撒播（每亩本苗田需母茎25~30 kg），然后用木板压入糊状的床土中，以母茎不露出土面为宜。最后支平棚盖遮阳网保降温保湿，出苗后揭去遮阳网。苗高8~10 cm时，追施1次，每亩施复合肥15 kg，兑水浇淋。出苗后30 d，苗高12~15 cm时，即可移栽。

2. 定植

（1）定植准备。选择土层深厚、有机质含量高、保水力强、排灌两便的藕田。藕收获后每亩施腐熟有机肥2 000kg。定植前1周开沟筑畦，畦连沟宽1.5~2 m。

（2）移栽。选晴天傍晚或阴天在畦面横向开定植沟，沟深15~20 cm。开沟后沟底每亩撒施复合肥20~30 kg，拌匀后定植。每丛栽3~4株，行株距（50~60）cm×20 cm，每亩保苗15 000~16 000株。栽后要及时浇淡肥促活。

3. 肥水管理

（1）施肥管理。水芹需氮为主，但要注意氮磷钾平衡施肥。要重施有机肥，合理追肥。基肥分2次施入。第1次在翻耕时每亩施优质腐熟有机肥2 000~3 000 kg。第2次在移栽时每亩施复合肥20~30 kg，撒施于种植行的沟底，施后与土壤混合均匀。

追肥一共4次，缓苗后追施，一般隔10~15 d施肥1次。前3次每次每亩施10~15 kg碳胺，兑水浇施，最后1次施肥在培土后进行，每亩施20 kg复合肥，施于沟底。

（2）水分管理。水芹喜水、忌旱，干旱会造成纤维增加，品质下降。因此水芹定植后要经常灌水，保持田间湿润。

4. 培土

植株长至30~40 cm高时，进行深培土1次。培土前先将行间的泥土用锄头掏细，然后将植株边垄土培至植株旁，使原垄变成沟底，原定植沟变成垄。培土高20~30 cm，以苗尖露出土面5~10 cm为宜。培土时要小心操作，避免弄伤植株，引起烂茎。培土20~30 d后即可采收上市。

5. 病虫害综合防治

水芹病害主要有茎腐烂病、锈病。虫害有蚜虫、夜蛾类等害虫。

水芹茎腐烂病，病原不详，主要在培土后发生，严重时发病率高达30%~50%。预防该病的关键是做好农业防治。主要措施有实行水旱轮作、母茎消毒、氮磷钾平衡施肥、推迟培土时间等。发病初期用30%噁霉灵水剂800倍液浇淋病株及其周围植株基部进行防治。

水芹锈病主要为害叶片。发病初期用15%三唑酮可湿性粉剂2 000倍液、70%代森锰锌可湿性粉剂800倍液加15%三唑酮可湿性粉剂1 500倍液等交替防治，隔7~10 d 1次，连续防治2~3次。

蚜虫在春秋季均会发生。防治方法：药剂可用70%吡虫啉可湿性粉剂4 000倍液、10%烯啶虫胺水剂2 000倍液等交替防治，隔7~10 d防治1次，连续防治2~3次。

夜蛾类害虫发生在秋季。防治夜蛾幼虫的关键时期是卵孵化盛期至1、2龄幼虫高峰期。药剂可用5%虱螨脲乳油1 000倍液、20%氯虫苯甲酰胺悬浮剂2 000倍液等交替防治，隔7~10 d防治1次，连续防治2~3次。

6. 采收

培土20~30 d后即可陆续采收，早熟栽培的11月中下旬开始采收，迟栽迟培土的水芹，可延收至翌年3月下旬。采收时先扒去覆土，再用铁锹从水芹根基部铲起，清理烂泥后装筐，洗净后扎成把出售。

（二）莲藕栽培技术

1. 品种选择

选择早中熟、品质好、抗病性强、产量较高的品种，如东荷早藕、鄂莲6号等。

2. 种藕准备

选用具品种特征特性、无病斑、后把节较粗的整藕或较大的子藕，每支藕有完整、健壮的顶芽。用种量在250~400 kg。种藕栽植前可用70%甲基硫菌灵可湿性粉剂800倍液喷施，待药液干后栽种，防止苗期病害。

3. 定植

（1）田块准备。藕田宜选择排灌方便、肥沃、富含有机质、土层深、壤土或黏壤土田块。在大田栽植前10~15 d灌水清园，施足基肥，每亩施腐熟有机肥2 000~2 500 kg、复合肥75 kg、过磷酸钙50 kg、硫酸锌3 kg，深翻，耕耙平整。

（2）定植。莲藕定植期一般为3月底至4月上旬。每亩种植200~300穴，每穴排放整藕1支或子藕2~3支。栽植时四周边行藕头一律朝向田内，至田中间藕头相对时，应放大行距。栽时将藕头稍向下斜插10~15 cm，藕稍翘露泥面，与土面成20°左右夹角。

4. 田间管理

（1）水浆管理。栽藕初期，为提高地温，加速成活，促进发芽，水层保持在3~5 cm为宜。立叶出现后，莲藕茎叶生长逐渐转旺，水层要逐渐升高到12~15 cm。现终止叶后，水层要逐渐降至4~7 cm，以促进嫩藕成熟。

（2）追肥。莲藕生育期长，需肥量大，除施足基肥外，生长期间还应适时进行追肥。一般追肥 3 次左右。第 1 次在立叶 1~2 片时，每亩施尿素 15~20 kg；第 2 次在 5~6 片立叶时，每亩施复合肥 20~25 kg；第 3 次在终止叶出现时，每亩施复合肥 35~40 kg。施肥前放浅田水，让肥料溶入土中，施肥 2 d 后再灌至原来的深度。施肥要选择晴朗无风天气，切忌在中午进行。

（3）除草、摘叶、转藕头。及时摘除枯萎的浮叶，清除杂草。旺盛生长期，每隔 1 周将近田岸的藕梢向田内调转。封行后不再下田，以免踩伤藕身、藕鞭，影响产量。

5. 防治病虫害

蚜虫。防治方法：药剂可用 70%吡虫啉可湿性粉剂4 000倍液、10%烯啶虫胺水剂2 000倍液等交替防治，隔 7~10 d 防治 1 次，连续防治 2~3 次。

夜蛾类害虫，发生在 7—8 月。药剂可用 5%虱螨脲乳油1 000倍液、20%氯虫苯甲酰胺悬浮剂2 000倍液等交替防治，隔 7~10 d 防治 1 次，连续防治 2~3 次。

第六节　马铃薯—莲子高效水旱轮作模式

一、种植茬口与季节安排

春马铃薯选用品种中薯 303，播种时间在 12 月底，采用全膜覆盖，翌年 3 月底开始采收，4 月初收获结束；莲子选用品种宣莲，4 月中旬定植，7 月初开始采收，10 月上旬收获结束。

二、预期产量及效益

春马铃薯亩产 750 kg，亩产值4 000元；莲子亩产4 000~5 000个鲜莲蓬，亩产值4 000元。

三、栽培技术

（一）春马铃薯栽培技术

1. 选用良种

选择早熟品种中薯 303，同时选用高品质脱毒薯块作种薯，用种量200 kg/亩。

2. 切块

大薯块作种，为节约种薯，进行切薯块播种。切种薯时注意切刀严格消毒，切块后磷肥拌种。

3. 精细整地

播种前进行精细整地，畦宽120 cm，沟宽30 cm，沟深20 cm，排灌方便，防止积水。

4. 施足基肥

水旱轮作模式下春马铃薯一般不追肥，在翻耕前施用有机肥1 000 kg/亩，45%氮磷钾复合肥100 kg/亩。

5. 适时早播

播种时间在12月底，密度50 cm×15 cm。1月初覆全膜，用土覆盖10 cm厚，利于出苗整齐、早出苗、早结薯、早上市。

6. 田间管理

春马铃薯从播种到出苗35~45 d，即1月底2月初出苗，出苗后3~5 d，视天气情况待霜冻期过后，视出苗情况及时刺破地膜引苗，炼苗。于马铃薯成熟20 d前，即3月10日前后喷施营养液，施用量按包装说明。

7. 及时采收

在3月底开始采收。按市场要求，根据市场行情需要决定采收块茎大小，一般为淀粉含量少的小块茎为佳，风味独特，市场价值高。

（二）莲子栽培技术

1. 品种选择

中熟高产品种宣莲。

2. 整地

待马铃薯收获后，莲藕定植前5~10 d灌水翻耕，不再施肥。

3. 定植

马铃薯—莲子水旱轮作模式下，莲子4年一新种，密度200株/亩，行株距4 m×4 m，每株排放整藕1支，田边藕头朝田内，田中藕头向外相对，加大行距。

4. 除草

定植后直接施撒除草剂，剂量按包装说明，之后采用人工除草，不再施用除草剂。

5. 田间管理

定植后全生长期水层保持在 20～25 cm，叶片生长至离水面 10 cm 时，点施用氮肥，用量 10～15 kg/亩，其余时期不再施肥。

6. 适时采收

在 7 月初开始采收，根据市场调节采收量，于 10 月上旬结束收获。

第七节　柑橘类果园套种辣椒生产模式

衢州位于浙江西部，地形多以丘陵为主，适宜种植柑橘类水果。由于柑橘类水果在种植过程中，需要几年时间才可结果，幼龄柑橘类果园前期多为成本投入，无法收获经济效益。考虑到柑橘类树体幼苗树冠较小，空间较为开阔，滴管等水肥一体化设施齐全，为充分利用土地，可以在幼林柑橘类果园基地中套种经济作物辣椒，提高幼龄树体基地经济效益。

一、套种园地准备

在管理低丘缓坡上种植的幼龄柑橘类树体过程中，要适当结合中耕培土，提高土壤疏松程度，增加土壤透气性，提高土壤微生物活性，同时提高土壤保湿保肥的能力，除去树体间杂草，避免套种过程中暴发草害。增施有机肥，提高土壤肥力，改善土壤团粒结构。在 5 月上旬辣椒定植前翻耕整地施肥。

二、预期产量及效益

据不完全统计幼林果园除成本投入外基本无收入，套种辣椒后，每亩可产 1 000～1 500 kg辣椒，按 4 元/kg 市场收购价，每亩可获得4 000～6 000元收入，扣除人工成本 400/亩、土地流转费用 300～500 元/亩、种子费用 100～150/亩、化肥农药薄膜等农资费用 500 元/亩，预计每亩可增收2 500～4 500元。具体增收效益受实际果园种植情况、管理水平、市场价格等因素影响，存在一定波动。

三、栽培技术

1. 品种选择

应选择适应性强，抗病性、抗虫性、抗逆性较强、结果能力强、产量高、品质优、冠幅适宜便于管理的辣椒品种，如采风 1 号、衢椒 1 号等。

2. 辣椒育苗

（1）种子处理。种子在播种前采用 50～55 ℃温汤浸种 10～15 min，再通过 25～30 ℃催芽，种子露白后统一播种。

（2）苗床准备。采用穴盘育苗法，选用泥炭土和蛭石混配的育苗基质，其中加入鸡粪等有机肥进行堆沤腐熟。腐熟后的基质在装入穴盘前拌入杀菌剂，降低苗期病害发生。

（3）播种。播种期应选择 1 月下旬至 2 月上中旬，将催芽后的种子播入浇透水的穴盘中，统一覆盖一层干基质，盖上薄膜，待辣椒出苗后统一管理。

（4）苗期管理。辣椒种子出苗前无须浇水，待出苗后适当浇水，控制水分，避免秧苗徒长。白天保证温度在 25 ℃左右，夜间温度在 15 ℃以上，以便秧苗生长。

3. 定植

辣椒苗在定植前 7～10 d 应适当炼苗，提高辣椒苗的抗逆性，提高定植存活率。定植在 5 月上旬晚霜过后，将前期在果园树体间做好的沟畦做好地膜覆盖，降低病虫草害的暴发，根据树体树冠大小，选择合理的种植密度，幼龄树体树冠较小，种植密度可接近于大田种植密度，3 000株/亩左右，提高辣椒产量。

4. 田间种植管理

田间应及时做好杂草清理，苗期可适当增施氮肥，但氮肥不宜过量，以免引起辣椒落花和后期贪青等。在生殖生长期可增施叶面肥，同时保证微量元素铁、锰等元素的施用，促进辣椒早坐果，尽早着色，促进果实成熟。

5. 病虫害防治

田间病虫害防治应充分考虑对果园树体的影响，在进行套种作物防治的同时，减少对树体损伤，同时树体的药物防治应尽可能与套种作物错开，在套种作物期间，减少树体的化学防治，以免对套种的经济作物产品造成农药等残留，破坏经济效益。可采用悬挂黄板、安置诱虫灯等物理防治方法减少化学农药的使用频率，提高经济作物品质。

辣椒常见病害主要包括：病毒病、青枯病、炭疽病和脐腐病等。主要防治措施包括：在辣椒播种前应及时做好种子消毒，用0.1%高锰酸钾溶液浸泡种子15~20 min；选用抗病品种，尽可能与非茄科类的蔬菜进行轮作，减少病毒病的发生；病毒病暴发后，要合理使用药剂防治；在连续阴雨天气后，要及时排水，增加辣椒田的通风，降低炭疽病和脐腐病的发生。

6. 及时采收

分批次对成熟的辣椒进行采收，采收后注意增施肥料，延长辣椒收获期，提高辣椒产量，增加辣椒带来的经济效益。

7. 拉秧清理

果实采收后，要及时进行拉秧清理，减少雨季植株腐烂，造成病虫害暴发。在套种作物清理后，及时进行树体的病虫害防治，保证果园树体的健康生长。

四、幼林果园套种的好处

1. 提高土地利用效率

柑橘类幼树树体在幼苗生长期间有几年空档期没有经济收益，在这段时期可套种经济作物，例如辣椒、西瓜和鲜食大豆等，提高土壤利用率。

2. 改变土壤肥力结构

柑橘类果树树体生长需肥方式与经济作物存在差异，西瓜等经济作物对于钾肥的需求量较大，马铃薯对磷肥的需求量较大，通过合理的套种选择，能平衡土壤肥力；套种作物中耕培土也可以提高土壤的团粒结构，增加土壤的保湿保肥能力。

3. 提高经济效益

柑橘类果树树体的营养生长时间相对较长，在这段时间几乎只有成本投入，产出低。通过合理的套种经济作物，可以增加经济效益，平衡果园成本投入，增加农民收入，起到良好的示范推广作用。

第八节 山区藕鳅共生绿色高效生产模式

采用防渗膜隔离的方法区块种植莲藕，全程应用有机栽培模式，在莲藕生长中共生放养泥鳅，利用藕田土壤肥沃、有机杂肥充足、微生物滋生丰富的特点，天然地为泥鳅提供丰富的饵料。泥鳅以田里的有机生物为食，可有效减少藕田中的病虫为害、减少农药施用，同时在田边四周配套利用太阳能杀虫灯杀虫、黄板诱虫等病虫害绿色防控技术，生产出有机莲藕和泥鳅。

一、种植茬口与季节安排

茬口安排见表9。

表9　山区藕鳅共生茬口安排

作物	移栽（放养）期	采收（捕获）期
雪藕	3月上旬	10月下旬至11月
青鳅	4月底	10月

二、预期产量及效益

雪藕产量3 500 kg/亩、产值32 000元/亩，青鳅产量75kg/亩、产值6 000元，比单纯种植雪藕每亩增加效益3 000元，增幅高达23.1%（表10）。

表10　山区藕鳅共生产量效益

作物	产量（kg/亩）	产值（元/亩）	净利润（元/亩）
雪藕	3 500	32 000	13 000
青鳅	75	6 000	3 000
合计	3 850	26 500	16 000

三、栽培技术

1. 地块选择

选择水源充足、田块平整、排灌方便、生态优越（主要是土壤、灌溉水、空气符合有机栽培标准要求）、单块田块面积在1.5~2亩的集中连片土地。

2. 藕田改造

为达到节水保肥、增温提质和方便有机雪藕成熟后机械采挖的目的，应在种植前改造藕田。具体方法：先用推土机将靠近田埂一边的30 cm腐熟地表土壤挖起、并将底部整理平整，接着在田埂及田块底部用PE橡胶防渗膜平铺隔离，再将挖起堆放在边上的地表土壤回填到已铺好的防渗膜上，最后用同样的方法先挖起地表土壤、接着平铺PE橡胶防渗膜、再将地表土壤回填。最后必须将回填覆盖在橡胶防渗膜的地表土壤均匀平整为30 cm厚度作为莲藕栽培层。田埂上PE橡胶防渗膜再用土工膜覆盖，以提高其使用年限。

在放养青鳅前留好进出水口，进出水口包扎30目筛绢过滤网，防止野、杂鱼进入和青鳅外跑。另在整个田块四周覆盖高2.5 m的丝网，隔绝水蛇等进田吃青鳅。

3. 配制专用肥

制作前先按麸皮：红糖：发酵菌=100：6：1比例搅拌制作发酵剂，并发酵24 h后备用。制作时选用堆放1个月以上、无臭味的种鸡粪，按鸡粪与干菌渣（以玉米芯为主原料）总量的1.5‰吸水混合、充分翻堆拌匀，并渐次加入发酵剂。然后以每3 d翻堆1次（每次翻堆4~5轮）的频率进行有氧发酵25 d（7~8次），以促进专用肥内各种成分的分解、混合。

4. 适时移栽

（1）品种选择。藕种选择山东雪藕（有机）。

（2）移栽时间。藕田地温持续稳定在12 ℃以上开始移栽雪藕。已经进行改造的藕田，非常有利于藕田地温的调节提升，栽培种藕移栽时间可比常规栽培提早20~30 d，一般于3月上中旬移栽。

（3）施用基肥。亩施自制专用肥2 000 kg作基肥，另按每间隔2年加施生石灰250 kg/亩与专用肥一同施入藕田中调节耕作层酸碱度。专用肥施入后利用自然雨水或灌水形成5 cm浅水层，待浅水层颜色变清时方可安全栽种雪藕苗。

（4）移栽密度。选择无病、无损伤、藕芽发育完整的藕种作种藕，掌握行距200 cm、株距200 cm，亩用种量500 kg，每穴藕种下田时，按“米”字形方式分向排种。

5. 投放鳅种

4月底投放青鳅，亩投鳅种10 000尾，约25 kg。泥鳅选择本地青鳅（有机）。鳅种投放前必须用3%的食盐水浸泡5~10 min进行消毒防病。

6. 田间管理

（1）水分管理。移栽后保留水层5 cm，以利用太阳光增加地温，促进莲藕苗发芽、抽叶；6—7月梅雨季节要切实做好排水工作，保持藕田10 cm水层；8—9月要勤灌清水，并保留10 cm水层直到有机雪藕成熟。

（2）适时追肥。共追施自制专用肥6次，每次施专用肥250 kg/亩，第1次追肥在新出2～3片叶时，其后每隔15 d追肥1次，在7月中旬追施专用肥时添加菜籽饼100 kg/亩，使田间有机专用肥充足，利于雪藕快速生长，同时充足的田间有机肥能促进微生物大量滋生，也有利于青鳅生长；另外，在7月底8月初分2次追施菜籽饼150 kg/亩，每次间隔10 d，使得青鳅整个养殖期不需投料喂养就可正常生长。

（3）绿色防控。田间以30亩/盏的密度安装太阳能杀虫灯，并悬挂黄板20片/亩，黄板高度高于藕叶20 cm为佳。在6月、7月酌情施用生物农药防治虫害，因莲藕虫害以蚜虫和斜纹夜蛾为主，病害因青鳅的共生很少发生，故采取上述2项措施后，雪藕整个生长期基本没有病虫为害。

7. 收获

（1）青鳅。在10月以投放鱼地笼的方法，每隔3～4 d引鳅上市，青鳅累加产量可达75 kg/亩。

（2）莲藕。最好在11月始挖，此时藕中淀粉积累率高，采挖时保持20～30 cm水层，便于使用高压水枪冲洗；一般从水位高的田块采挖到水位低的田块，无须田外取水。采挖后，要顺便平整好藕田耕作层。

第九节　茭鸭共育高效模式

茭白原产中国及东南亚，是一种较为常见的水生蔬菜，在浙江多地区均有所种植。鸭以食用田间杂草、浮萍、害虫和福寿螺等为主，产生的粪便可作为茭白生长的肥料，形成生物之间的互作共生。传统的茭白种植模式较为单一，为充分利用茭白水生蔬菜的环境特性，考虑采用茭鸭共育新模式替代传统单一的茭白种植模式。

一、种植茬口与季节安排

6月下旬至7月上中旬种植双季茭白，秋收后将茭白茭墩割平，12月中下旬盖棚，在翌年的4—5月可采收春季茭白。4月种植单季茭白，9月底采收茭白。

二、种养技术

（一）茭白种植技术

1. 品种选择

茭白优良品种宜选择孕茭早、茭肉白嫩、主茭与蘖茭采收期一致、生长期长、分蘖力强、丰产性能好、抗病性强、适宜当地种植的单双季茭白品种。可选择北京美人茭单季茭、浙茭10号、浙茭6号、浙茭7号、龙茭2号和余茭4号等。鸭选择成年体型较大、水中捕食能力强和生存能力强的品种。

2. 设施安排

茭鸭共育田应加固田埂，确保田内水位能够适宜鸭生长。使用设施大棚为茭白生长和鸭生长提供良好的环境，并促进茭白分蘖和孕茭。

3. 合理密度

茭白种植要注意合理的种植密度，密度过小，茭白产量受到较大损失；密度过大，种植成本、空间利用和鸭的生长环境均受到较大影响，经济效益下降。合理的种植密度在行距80 cm左右，株距55 cm左右，单季茭白每亩在1 600墩左右，双季茭白每亩在1 300~1 500墩。

4. 水层管理

茭苗定植活棵后保持5~6 cm水层，严冬季节保持10~13 cm水层护苗越冬，春暖后保持10~13 cm水层促进分蘖，暑天加深水层促进茭白增大，采茭期间可降低水层，便于采茭。

5. 合理施肥

基肥每亩施用有机肥1 500 kg，碳酸氢铵60 kg，硫酸钾20 kg，过磷酸钙50 kg。春季茭白在定植返青后的5~10 d进行第1次追肥，施用尿素5~10 kg/亩，在30 d后再追施1次尿素，每亩25 kg左右，适当补充磷肥，在孕茭率达到一半以上，增施尿素30 kg/亩、硫酸钾15 kg/亩左右。秋季茭白在茭白定植成活后，追施1次碳酸氢铵50 kg/亩，茭白分蘖后的15 d，追施1次尿素15 kg/亩，孕茭期在9月上旬至10月中旬前后追施1次碳酸氢铵50 kg/亩。

6. 病虫害防治

茭白种植期间要科学合理地进行病虫害防治工作。及时清理老叶病叶，增加田内通风透光，降低病虫害暴发概率；加大使用诱虫灯、诱虫板等物理防治方法，降低化学防治方法的使用频率；科学合理减量使用化学药剂防治，提高茭白品质。

7. 及时采收

茭白要及时进行采收，确保产量和经济效益。采收过早，茭白膨大不充分，对产量造成较大影响；采收过迟，茭白肉质变老，品质变差，对产品价格和效益造成影响。在孕茭位膨大，茭白叶鞘略有张开露出茭白肉质时采收，确保茭白产量和经济效益。

（二）鸭放养技术

（1）茭苗刚开始出苗至苗高长至 30 cm 期间，鸭的游动觅食会影响茭白的生长，因此不适宜在幼苗生长期放养鸭。

（2）苗鸭一般放养时间在 8—9 月，雏鸭鸭龄在 20 d 左右。2 月始养的，雏鸭培育难度较大。

（3）鸭子要及时做好流感、鸭瘟免疫工作，避免养殖过程中暴发，造成较大经济损失。

（4）大风大雨天气不要放鸭到茭田，容易使鸭产生应激反应，影响产蛋。

（5）放养密度以不影响茭白生长和环境污染为度，一般每亩茭白田放养麻鸭 10 只左右为宜，保持茭白水田环境干净，减少鸭发病概率，确保鸭健康生长。

（6）茭白用药防病期间停止放养鸭，待防治期过后放养鸭，避免鸭生长受影响。

（7）鸭生长栖息地应注意杀菌消毒，改善鸭生长环境，减少鸭病害发生概率。

三、茭鸭共育模式发展的意义

1. 提高经济效益，促进种植农业发展

茭鸭共育模式代替传统的茭白种植模式，节约农药肥料等生产资料使用，节约成本；鸭养殖产蛋增加经济效益，可以大大提高每亩茭白田的总经济效益；促进传统种植农业的发展。

2. 降低肥药使用，促进生态农业发展

茭鸭共育模式中，鸭的粪便可以作为茭白生长的养分，同时茭白生长过程中发生的虫害也会被鸭所觅食，大大减少了茭白种植过程中农药、化肥的使用，促进生态循环农业的可持续发展。

茭鸭共育模式是种养结合模式的经典模式，是一条产业高效、产品安全、资源节约、环境友好的发展之路，形成一个经济、生态和社会效益共赢的产业链，在农业结构调整和生态立体农业发展过程中形成了新一轮的发展热潮，是经济上划算、生态上对路，值得推广的农业技术模式。

第十节　莼鱼共生生态种养模式

莼菜又名马蹄草，睡莲科宿根水生草本蔬菜，国家一级重点保护野生植物，是著名的保健、珍稀药食两用蔬菜，浙江省的主产区在杭州西湖区。开化县于2014 年从杭州引进种苗进行种植并获得成功。莼菜作为水生蔬菜，对生长环境及水质要求近似野生，从而自然会出现藻类、浮萍、青苔等多种杂草，而这些杂草又成了椎实螺、食根叶甲等多种害虫的栖息地，这些虫害草害对莼菜生长极为不利，轻则减少产量，重则绝收。人工除草工作强度大，化学防治又易造成产品农药残留。针对这种生产实际本，近年来，开化县积极推广莼鱼共生生态种养模式，不仅鱼类排泄物可为莼菜提供养分，鱼类还可食草灭螺，减少人工成本及化学药肥的使用量，从而提升产品质量和市场竞争力，实现一水两用、一田多收。

一、种植茬口与季节安排

莼菜为多年生植物，一次种植可多年生长采收，一般可连续采收 8~10 年。一般多在清明前后进行栽植。每年 3 月投放鱼苗，冬季落霜后捕捞。

二、预期产量及效益

第 1 年种植的莼菜亩产量约 300 kg，翌年开始，亩产量可达 500 kg。按统货收购价 16 元/kg，每亩毛利润8 000元，减除采摘人工费4 000元、田租费600 元、农药肥料费 200 元、日常管理人工费 400 元，每亩净利润2 800元。

以每亩放养 15 cm 左右的 2 种鱼苗 140 尾计，约 8. 75 kg，每千克鱼苗 24 元，每亩鱼种成本 210 元；到冬季落霜后，可捕捞 1 kg 的成品鱼 100 尾左右（减除鸟害、病害死亡的鱼），计 100 kg，两种鱼的市场批发价均为每千克 20 元，每亩毛利润2 000元，减除鱼种成本 210 元、其他成本 100 元，每亩净利润1 690元。

莼菜、鱼 2 项每亩净利共计4 490元，经济效益可观。

三、栽培技术

（一）莼菜种植

1. 田块选址

宜选择水质清洁、土层深厚（10~13 cm）、肥沃而疏松、富含有机质（2%~3%）、微酸性（pH 值 5.5~6.8）、保水保肥、含氮充足、供肥能力强、进水和出水方便，常年流动活水的水田。

2. 种苗选择

莼菜根据花萼颜色分为红萼和绿萼 2 种类型。生产上多选用高产且质优的红萼品种，如西湖红叶莼菜。

3. 栽植

一般多在清明前后进行栽植，选用生长健壮，无病虫害的地下匍匐茎和水中茎作为种茎，剪成每节上有 1 个芽的不少于 2~3 节的茎段。采用宽窄行栽插，宽行行距 1 m，窄行行距 20~25 cm，株距 50~60 cm，一般采用平插法，即在各栽插行上将茎段一根一根卧栽，用手按住茎段两端捺入泥中，以不浮起为度，芽头尽量露出土面，不可深栽。

4. 田间管理

（1）水层管理。栽时保持 10~20 cm 浅水，栽后莼苗成活，水位可加深到 30~40 cm，之后逐步加深水位，到盛夏加到 50~60 cm，入秋以后，天气转凉，水位宜逐渐降至 30~40 cm，冬季保持 20~30 cm 越冬。一般每采摘一次换水一次，以保持池中水质清洁。在施肥后 2 周内不宜换水，以免肥料流失。

（2）施肥管理。第 1 次栽植前，每亩施 1 000 kg 腐熟的鸡粪、45%的复合肥 15 kg 作底肥。以后可在每年落霜后（11 月下旬）施用 15 kg 腐熟的茶籽饼肥、翌年早春萌芽前（3 月下旬）施用 50 kg 腐熟的菜籽饼肥做底肥。生长期间，如莼菜植株长势旺盛，枝叶繁茂，则不追肥。若生长期间出现叶黄、叶小芽头细小、胶质少等现象，应及时追施速效氮肥，每亩每次用尿素 5 kg 均匀撒施，连续撒施 3~4 次。施肥应选阴天或晴天的 10: 00 以前和 16: 00 以后进行。

（3）病虫草害防治。遵循“预防为主、综合防治”的原则，优先采用农业防治、物理防治、生物防治，科学使用化学防治。如及时添换清水，保持水体流动；及时捞除杂草、及时疏枝除叶、及时清除病枝病叶；不使用未腐熟有机肥；适时更新换代等。化学药剂防治上，叶腐病可在发病初期，用25%嘧菌酯悬浮剂1 500倍液或用25%杀虫双水剂500倍液喷洒防治；食根金花虫可在越冬幼虫开始为害时或成虫产卵高峰期，每亩用20%氯虫苯甲酰胺悬浮剂30 mL，拌干细土20~25 kg均匀撒施；菱萤叶甲可在发生初期，用1.8%阿维菌素乳油2 000倍液或2.5%的多杀菌素悬浮液1 000~1 500倍液喷雾防治；白丝虫可用25%杀虫双水剂500倍液喷洒防治；锥实螺每亩可施用15 kg茶籽饼或菜籽饼进行防治；青苔水藻可使用波尔多液（石灰：硫酸铜：水=1：1：200）喷洒防治。

5. 采收

莼菜一经栽插可连续采收8~10年。第1年，植株应少采多留，一般于7月上中旬莼叶已基本盖满水面时开始采收，持续到9月底。之后，每年在叶片覆盖一半水面时采收，即从4月中旬至10月初。采摘部位为外被胶质的嫩梢卷叶，卷叶基本长足，但尚未展开，新梢粗壮，外被浓厚胶质黏液为最佳，采摘时应注意保护胶质黏液。当年种植的莼菜可生产生态莼菜300 kg/亩。翌年开始，亩产量可达500 kg。

（二）配套养鱼

1. 选择鱼苗

由于草鱼达到磨牙阶段时易啃食莼菜茎叶，所以选择螺蛳青及赤眼鳟进行养殖，两种鱼苗的规格均为每尾15 cm左右。

2. 鱼苗放养

每年3月，用菜籽饼进行莼菜田施肥后，每亩投放约30尾15 cm左右的螺蛳青鱼苗用来食椎实螺，110尾15 cm左右的赤眼鳟鱼苗用来食浮萍、藻类水草，在5月底又每亩投放千尾3 cm左右长的夏鱼花进行浮萍食除。

3. 病害天敌防控

鱼体受伤时极易感染水霉病，因此要避免鱼体受伤，并用浓度均为0.04%的食盐和小苏打合剂全池泼洒；细菌性烂鳃病、细菌性肠炎病，可使用生石灰定期进行水体消毒，定期调水稳水，控制好水质，均可用0.2~0.5 mg/L三氯异氰脲酸全池泼洒同时内服大蒜素、三黄散等中草药，提高鱼体免疫力。针对鸟害、蛇害、鼠害的发生，可拉防鸟网或其他必要措施防控。

4. 鱼类收捕

由于莼菜是高蛋白植物，接触虫类也多，鱼不但食草也捕虫，所以鱼生长得较快，到了冬季落霜后，3月投放的鱼苗已长成1 kg左右的商品鱼，捕捞上市销售，5月底投放的夏鱼花也长到12~13 cm的鱼苗，捕捞起来另选鱼塘饲养，等到翌年3月重新放入莼菜田进行良性循环生产。

第四章　病虫害防治

第一节　常见病害

一、立枯病

1. 发生时期和主要症状

多发生在育苗的中、后期。主要为害幼苗茎基部或地下根部，初为椭圆形或不规则暗褐色病斑，病苗早期白天萎蔫，夜间恢复，病部逐渐凹陷、缢缩，有的渐变为黑褐色，当病斑扩大绕茎一周时，最后干枯死亡，但不倒伏。发病较轻病株仅见褐色凹陷病斑而不枯死。苗床湿度大时，病部可见淡褐色蛛丝状霉。

立枯病可表现为4种不同的症状类型。

（1）种芽腐烂型。种子发芽前后尚未出土时，便在地下腐烂死亡。苗床上常发生缺苗断条现象。

（2）猝倒型。发生在幼苗出土后不久，苗木茎部尚未木质化之前，病菌自根茎侵入造成组织腐烂坏死，呈半透明状，苗木倒伏。该种症状在5—7月发展很快，苗床上常出现团块状缺苗。

（3）茎叶腐烂型。幼苗出土后，如苗木过密或空气湿度过大时，幼苗常茎叶黏结或出现白毛状丝，苗木萎蔫，死亡。

（4）立枯型。苗木后期被侵染，此时苗木已进入木质化，根皮和细根感病后，组织腐烂、坏死，使地上部分失水萎蔫，但直立不倒伏。拔起病苗时，根皮留于土中，俗称“脱裤子”。

立枯病多在育苗中后期发生，发病中无絮状白霉、植株得病过程中不倒伏。猝倒病常发生在幼苗出土后、真叶尚未展开前，产生絮状白霉、倒伏过程较快，主要为害苗基部和茎部。

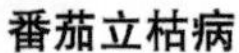

番茄立枯病

西瓜苗期立枯病

2. 发病规律

病菌以菌丝和菌核在土壤或寄主病残体上越冬，腐生性较强，可在土壤中存活 2~3 年。混有病残体的未腐熟的堆肥，以及在其他寄主植物上越冬的菌丝体和菌核，均可成为病菌的初侵染源。病菌通过雨水、流水、粘有带菌土壤的农具以及带菌的堆肥传播，从幼苗茎基部或根部伤口侵入，也可穿透寄主表皮直接侵入。病菌生长适温为 17~28 ℃，12 ℃以下或 30 ℃以上病菌生长受到抑制。土壤湿度偏高，土质黏重以及排水不良的低洼地发病重。光照不足，光合作用差，植株抗病能力弱，也易发病。病菌发育适温 20~24 ℃。刚出土的幼苗及大苗均能受害，一般多在育苗中后期发生。多在苗期床温较高或育苗后期发生、阴雨多湿、土壤过黏、重茬发病重。播种过密、间苗不及时、温度过高易诱发本病。

3. 防治技术

（1）农业防治

①选用无病菌新土作为育苗营养土。

②实行轮作。与禾本科作物轮作可减轻发病。

③秋耕冬灌，瓜田秋季深翻 25~30 cm，将表土病菌和病残体翻入土壤深层腐烂分解。

④土地平整，适期播种。一般以 5 cm 地温稳定在 12~15 ℃时开始播种为宜。

⑤加强田间管理。出苗后及时剔除病苗。雨后应中耕破除板结，以提高地温，使土质松疏通气，增强瓜苗抗病力。

（2）种子处理

①药剂拌种，用药量为干种子重的 0.2%~0.3%。

②种衣剂处理：种衣剂与瓜种之比为 1∶25 或按说明使用。

二、灰霉病

1. 主要症状

灰霉病病苗色浅，叶片、叶柄发病呈灰白色，水渍状，组织软化至腐烂，高湿时表面生有灰霉。幼茎多在叶柄基部出现不规则水浸斑，很快变软腐烂，缢缩或折倒，最后病苗腐烂枯萎病死。果实染病，青果受害重，残留的柱头或花瓣多先被侵染，后向果实扩展，致使果皮呈灰白色，并生有厚厚的灰色霉层，呈水腐状，叶片发病从叶尖开始，沿叶脉间呈“V”形向内扩展，灰褐色，边缘有深浅相间的纹状线。该病害可随空气、水流以及农事作业传播。在实际病害防治过程中，难以采取有效措施彻底切断传染源。

番茄灰霉病

樱桃番茄灰霉病

2. 病原

灰霉病由灰葡萄孢菌侵染所致，属真菌病害，花、果、叶、茎均可发病。以菌核在土壤或病残体上越冬越夏，病菌耐低温，7~20 ℃大量产生孢子。

3. 发病规律

病菌因农事操作、机械损伤引起的伤口侵入；底部叶片受肥害后，从叶边缘感染病菌。带菌花粉散落于叶片致使病菌侵入；茎部伤口或病果病叶附着于茎部容易感染。土壤中越冬或残存的病菌从茎基部侵入；灰霉病菌从残留花瓣处侵入。灰霉病菌从未脱落的柱头处侵入。枯死的花瓣、叶片粘贴于果面，致使病菌从果面侵入。

4. 防治技术

（1）农业防治。

①种子臭氧灭菌处理：在育苗下种子前，用臭氧水浸泡种子40~60 min。

②大剂量臭氧空棚灭菌：在幼苗移栽前，关闭放风口，用大剂量臭氧气体对空棚进行灭菌处理。

③选用良种，严把育苗关：选用抗病良种能提高植株抗灰霉病的能力。育苗应选用无病新床土，可选择多年未种过灰霉病寄主植物的土壤，如种植葱、蒜或粮食作物的土壤。注意不要在病区温室取土育苗或分苗，以防幼苗感染病菌。

④合理密植：根据具体情况和品种形态特性，合理密植。早熟栽培品种，单穴定植，同时施用以腐熟农家肥为主的基肥，增施磷钾肥，防止偏施氮肥，植株过密而徒长，影响通风透光，降低抗性。

⑤清洁田园：定植前要清除农田或大棚内残茬及枯枝败叶，然后深耕翻地。发病前期及时摘除病叶、病花、病果和下部黄叶、老叶，带到田外深埋或烧毁，减少初侵染源。在田间操作时也要注意区分健株与病株，以防人为传播病菌。

⑥降低温室内湿度：高垄栽培，采用滴灌供水，避免大水漫灌，浇水最好在晴天早晨进行，忌阴雨天浇水，可有效降低室内湿度。另外，可在垄沟里铺一层干秸秆，缓释地表水，缓和作物生长层气温变化。

⑦变温通风：据研究，31 ℃以上的温度可减缓灰葡萄孢菌的孢子萌发速度和数量，因此，选在晴天上午稍晚放风，使大棚内温度迅速升高至33 ℃再放风。当大棚内温度降至25 ℃以上，中午仍继续放风，下午大棚内温度要保持在25~30 ℃，当大棚内温度降到20 ℃关闭通风口，以减缓夜间室温下降，夜间大棚内温度保持在15~17 ℃。阴雨天应及时打开通风口通风。

⑧去除残留花瓣和柱头：研究表明，灰霉病对果实的初侵染部位主要为残留花瓣及柱头处，然后再向果蒂部及果脐部扩展，最后扩展到果实的其他部位。因此，应在番茄蘸花后7~15 d摘除幼果残留花瓣及柱头。具体操作方法：用一只手的食指和拇指捏住番茄的果柄，另一只手轻微用力即可摘除残留的花瓣和柱头。

（2）化学防治。

①预防用药：以早期预防为主，掌握好用药的3个关键时期，即苗期、初

花期、果实膨大期。苗期：定植前在苗床用药，可选择对苗生长无影响的药剂或消毒剂，例如腐霉利、甲基硫菌灵、异菌脲等进行喷施，同时选择无病苗移栽。初花期：第1穗果开花时，谨慎用药，选择异菌脲或嘧霉胺兑水喷雾，5~7 d用药1次，进行预防。果实膨大期：在浇催果水（尤其在浇第1、第2穗果催果水）前1天用异菌脲、腐霉利、嘧霉胺、腐霉·福美双等喷雾防治，5~7 d用药1次，连用2~3次。

②防治用药：灰霉病初发时一般仅表现在残败花期及中下部老叶，此时使用50%异菌脲可湿性粉剂按1 000~1 500倍液稀释喷施，5 d用药1次；连续用药2次，病害症状消失（病部干枯、无霉层）。7 d后外部侵染源及原残留病菌在条件具备时仍可能繁殖，形成再次侵染，此时采用预防方案用药，使用40%嘧霉胺可湿性粉剂1 000倍液稀释喷施，5~7 d用药1次，间隔天数及用药次数根据植株长势和预期病情而定。

在灰霉病发病中期，有较多的病叶、病果，且少数病枝出现病害症状，此时病菌得到初步繁殖，菌量较多，若防治不及时，将会进入迅速蔓延阶段。此时采取化学防治与物理防治相结合的综合方法。物理防治是摘除病果及严重病叶、病枝等，以减少病菌存量。操作时，应注意避免病菌霉层即孢子到处散发，仍然残留设施内。可用塑料袋套住病体摘除或空手轻轻摘除后随手放入袋中，归集后带出设施外。然后按照病害发生初期时的方法进行防治。喷药时，采用托喷方式，并做到三要：一是对于大棚前檐湿度高易发病，靠大棚南部的植株要重点喷；二是中心病株周围的植株重点喷；三是植株中、下部叶片及叶的背面要重点喷。按照化学防治与物理防治相结合的防治方法，一般连用2~3次能有效控制病情，使病害症状消失（病部干枯、无霉层）。

在灰霉病为害严重时，空气中、发病植株器官表面及内部病菌大量存在，为害症状表现为病体多且病症重，如病果大量布满霉层且出现明胶状，病叶多、病斑大且已蔓延至植株中上部；病枝数量多。该时期进行3步综合防治：先摘除病体、再熏棚、再喷施。熏棚目的是杀死空气中（露珠、雾气）及柱子、墙体、棚膜等设施上的病菌及其孢子。熏棚后次日农药喷施。

（3）生物防治。灰霉病为低温高湿时常发病害，除做好相应的农业措施外（白天保持通风干燥），也要结合使用生物药剂进行防治。于发病前或初期使用3亿CFU/g哈茨木霉菌300倍液喷雾，每隔5~7 d喷施1次，发病严重时缩短用药间隔，同时可结合有机硅增加附着性。

三、晚疫病

1. 发生时期和主要症状

整个生育期均可发病，主要为害叶和果实，也可侵染茎部。幼苗受害，近叶柄处呈黑褐色腐烂，蔓延至茎，造成幼苗萎蔫倒伏。叶片上病斑多从叶尖或叶缘开始发生，形状不规则，呈暗绿色水渍状，后逐渐变成褐色，边缘不明显，病斑上无轮纹。

番茄晚疫病

马铃薯晚疫病

果实上病斑多发生在绿果的一侧，边缘不明显，常以云纹状向外扩展，初为暗褐色油渍状病斑，后渐变为暗褐色至棕色，病斑占果面的1/3，被害部分深达果肉内部，果实质地硬实而不软腐，潮湿时，患病部可长出白色霉状物。茎部病斑呈暗褐色，形状不规则，稍凹陷，边缘有明显的白色霉状物。

2. 病原

病原为真菌门鞭毛菌亚门疫霉属致病疫霉。病菌以菌丝体在带病的病残体内越冬。患病植株在病斑上产生大量的孢子囊，借气流、雨水、流水进行再次侵染。

3. 发病规律

低温、潮湿是该病发生的主要条件，温度在18~22 ℃，相对湿度在95%~100%时易流行。20~23 ℃时菌丝生长最快，晚疫病孢子囊借气流、雨水传播，偏氮、底肥不足、连阴雨、光照不足、通风不良、浇水过多、密度过大利于发病。

4. 防治技术

（1）农业防治。

①轮作换茬：防止连作，应与十字花科蔬菜实行3年以上轮作，避免和马铃薯相邻种植。

②培育无病壮苗：病菌主要在土壤或病残体中越冬，因此，育苗土必须严格选用没有种植过茄科作物的土壤，提倡用营养钵、营养袋、穴盘等培育无病壮苗。

③加强田间管理：施足基肥，实行配方施肥，避免偏施氮肥，增施磷、钾肥。定植后要及时防除杂草，根据不同品种结果习性，合理整枝、摘心、打杈，减少养分消耗，促进主茎的生长。

④合理密植：根据不同品种生育期长短、结果习性，采用不同的密植方式，如双秆整枝的每亩栽2 000株左右，单秆整枝的每亩栽2 500~3 500株，合理密植，可改善田间通风透光条件，降低田间湿度，减轻病害的发生。

（2）药剂防治。

①预防用药：在预期发病时，采用4%嘧啶核苷类抗菌素水剂500倍液加48%嘧菌·百菌清悬浮剂800倍液喷施，每7~10 d用药1次。

②治疗用药：发病初期，及时摘除病叶、病果及严重病枝，然后根据作物该时期并发病害情况，用50%乙铝·锰锌可湿性粉剂300倍液+4%嘧啶核苷类抗菌素水剂500倍液+48%嘧菌·百菌清悬浮剂800倍液喷施，5~7 d用药1次，连用2~3次。发病较重时，清除中心病株、病叶等，然后施药防治。

四、叶霉病

1. 发生时期和主要症状

叶霉病主要为害叶片，严重时也可以为害茎、花、果实等。叶片发病初期，叶面出现椭圆形或不规则淡黄色褪绿病斑，叶背面初生白霉层，而后霉层变为灰褐色至黑褐色茸毛状，是病菌的分生孢子梗和分生孢子，条件适宜时，病斑正面也可长出黑霉，随病情扩展，病斑多从下部叶片开始逐渐向上蔓延，严重时可引起全叶干枯卷曲，植株呈黄褐色干枯状。果实染病后，果蒂部附近形成圆形黑色病斑，并且硬化稍凹陷，造成果实大量脱落。嫩茎及果柄上的症状与叶片相似。

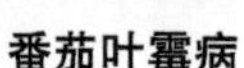

番茄叶霉病

辣椒叶霉病

2. 病原

叶霉病原为黄枝孢菌，属半知菌亚门真菌。叶霉病菌以附着在种子表面和侵入种皮内的菌丝及残存和附着在病残体、架材和土壤中的菌丝与孢子越冬。翌年春在适宜的温湿度条件下，产生新的分生孢子，孢子随风或弹射到叶片等部位侵入，一直延续到秋末。

3. 发病规律

该病流行速度较快，在适合的条件下，从始发期到盛发期只需要 10～15 d。相对湿度在80%以上，有利于孢子的形成及病斑扩展。相对湿度在90%以上病害易发生和流行，叶表面结露可促进病害发展。高温高湿有利于病害的发生，其中湿度是影响发病的重要因素。若温室内温度在 20～25 ℃，相对湿度大于 90%，发病可以从无到有，10 多天蔓延全田。种植过密、通风透光不良或多雨，田间湿度大时均有利于病害发生。保护地种植密度过大，株间通风不良，浇水过多，湿度过大，叶面结露时间过长，都有利于病菌的侵染和扩展，能加重病害发生。

4. 防治技术

叶霉病比较难于防治，因此着重于预防更为重要。种子应选用无病株上采留的种子，如种子带菌可用 52 ℃温水浸种 30 min。重病温室要与非茄科蔬菜进行 2～3 年轮作。加强通风、透光，并适当增施磷、钾肥，提高植株抗病能力。

（1）农业防治。

①选用抗病品种，严把育苗关。

②利用无病种子：无病种子可减轻田间由种子带菌引起的初侵染。无病种子

应从无病田或健康植株上留种。引进种子需要进行种子处理，采用温水浸种。利用种子与病菌耐热力的差异，选择既能杀死种子内外病菌，又不损伤种子生命力的温度进行消毒。如大棚栽培的番茄种子宜选择用 55 ℃温水浸种 30 min，以清除种子内外的病菌，取出后在冷水中冷却，用高锰酸钾浸种 30 min，取出种子后用清水漂洗几次，最后晒干催芽播种。

③高温闷棚：选择晴天中午时间，密闭温室升温至 30~33 ℃，并保持 2 h 左右，然后及时通风降温，对病原有较好的控制作用。

④加强管理，降低湿度：采用双垄覆膜、膜下灌水的栽培方式，除可以增加土壤湿度外，还可以明显降低温室内空气湿度，从而抑制叶霉病的发生与再侵染，并且地膜覆盖可有效地阻止土壤中病菌的传播。根据大棚外天气情况，通过合理放风，尽可能降低大棚内湿度和叶面结露时间，对病害有一定的控制效应。及时整枝打杈、植株下部的叶片尽可能摘除，可增加通风。另外，采用滴灌可降低空气内湿度，好于大水漫灌。

（2）药剂防治。

①预防用药：在预期发病时，用 40%嘧霉胺可湿性粉剂 25 mL，进行植株全面均匀喷施，5~7 d 用药 1 次。

②防治用药：叶霉病初发时，及时摘除病叶、病果及严重病枝，然后根据作物该时期并发病害情况，采用 40%嘧霉胺可湿性粉剂 25 mL+56%嘧菌・百菌清悬浮剂 20 mL，兑水 15 kg，每 5~7 d 用药 1 次；连用 2~3 次。

发病较重时，清除中心病株、病叶等，25%啶菌噁唑水乳剂 30 mL+40%嘧霉胺可湿性粉剂 25 mL+56%嘧菌・百菌清悬浮剂 20 mL 兑水 15 kg，3~5 d 用药 1 次。施药避开高温时间段，最佳施药温度为 20~30 ℃。

（3）注意事项。及时清除病株残体，病果、病叶、病枝；做好通风降湿，减少或避免叶面结露；提高植株自身的抗病力。大多数药剂要现配现用，不得与强酸、强碱性农药混用。如有轻微沉淀析出属正常，不影响药效。如施药后 4 h 内降雨，需重新喷雾。

五、根腐病

1. 发生时期和主要症状

主要为害幼苗，成株期也能发病。发病初期，仅仅是个别支根和须根感病，并逐渐向主根扩展，主根感病后，早期植株不表现症状，后随着根部腐烂程度的加剧，吸收水分和养分的功能逐渐减弱，地上部分因养分供不应求，新叶首先发黄，在中午前后光照强、蒸发量大时，植株上部叶片才出现萎蔫，但夜间又能恢复。病情严重时，萎蔫状况夜间也不能再恢复，整株叶片发黄、枯萎。此时，根皮变褐，并与髓部分离，最后全株死亡。

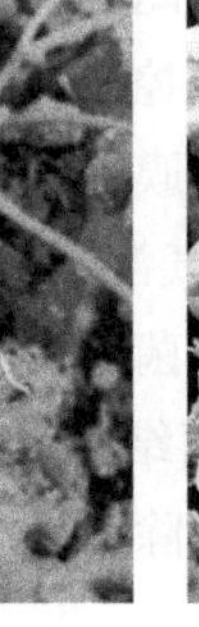

西瓜根腐病

生姜根腐病

2. 病原

根腐病可由腐霉、镰刀菌、疫霉等多种病原侵染引起。该病常与沤根症状相似，属真菌病害。病菌在土壤中和病残体上越冬，一般多在 3 月下旬至 4 月上旬发病，5 月进入发病盛期，其发生与气候条件关系很大。苗床低温高湿和光照不足，是引发此病的主要环境条件。育苗地土壤黏性大、易板结、通气不良致使根系生长发育受阻，也易发病。另外，根部受到地下害虫、线虫的为害后，伤口多，有利病菌的侵入。

3. 发病规律

病菌在土壤中或病残体上越冬，成为翌年主要初侵染源，病菌从根茎部或根部伤口侵入，通过雨水或灌溉水进行传播和蔓延。地势低洼、排水不良、田间积水、连作及棚内滴水漏水、植株根部受伤的田块发病严重。年度间春季多雨、梅雨期间多雨的年份发病严重。

4. 防治技术

（1）培育无病壮苗。苗床播种前要充分翻晒，施足腐熟粪肥，多施用生物有机肥，每亩可用腐熟的鸡粪或牛粪4 000 kg，生物有机肥 320~450 kg，硫酸钾复合肥 40 kg 作基肥。如在田里发现一株或几株出现中午萎蔫，晚上稍恢复的情况，就应立即拔除，带出田外烧掉，然后用土拌石灰掩埋病穴。

（2）农业防治。浇水时尽量不要大水漫灌，有条件的可进行滴灌，保持土壤半干半湿状态，及时增施磷钾肥，增强抗病力。根腐病发病时，白天注意降温、晚上保温，并在根系周围扒开塑料膜进行晒根，以减轻根腐病的发生。

（3）实行轮作。重病地块与其他科作物进行 3 年以上轮作，最好与玉米、小麦等粮食作物轮作。

（4）施用生物菌肥。采用基肥、灌根、冲施等方式施用生物菌肥，对因辣椒重茬引起的根系不发达，维管束变黄，叶片似缺水状萎蔫，叶片变褐或出现褐色坏死斑块、茎蔓基部缢缩、有水浸状条斑，病根变褐腐烂等有较好的防治效果。生物菌肥最好单独施用，如使用其他杀菌剂、杀虫剂等药物，最好相隔 48 h 以上。

（5）栽培防治。采用高垄栽培，防止雨水和浇后积水，增强根部的通透性。整地时一头要挖好排水沟，垄高 20 cm，垄距 90 cm，一垄栽 2 行，并用塑料薄膜覆盖，既利于提早封垄，又利于通风采光和田间管理。施用充分腐熟的有机肥，中后期追肥采用配制好的复合肥母液随浇水时浇施或顺垄撒施后浇水，防止人为管理造成根部受伤。一般情况苗自己育，如需购买苗，不要在发病区购买，以有效杜绝购买苗子而引起根腐病的传播发生。

（6）对症下药。注意提前防治，并在根基部和地表面进行喷淋或浇灌。发病前期，在苗期用复合微生物肥料稀释后灌根。发病初期可用每亩硫酸铜 4 kg 灌溉或用 50%甲基硫菌灵可湿性粉剂 500 倍液防治。定植时用 70%噁霉灵可湿性粉剂 300 倍液浸根 10～15 min，防效较好。定植缓苗后，可用 70%噁霉灵可湿性粉剂 3 000倍液防治。

（7）消毒处理。种子消毒：用 55 ℃温汤浸种 5 min 后，立即移入冷水中冷却，然后催芽播种；也可先将种子在冷水中浸 6～15 h，然后移入 1%硫酸铜溶液中浸 5 min，取出后拌以适量的消石灰，再行播种。苗床消毒：可用 70%噁霉灵可湿性粉剂 300 倍液，每平方米泼药液 6 kg 进行土壤处理。土壤消毒：可把噁霉灵、福美双中的一种撒入土壤中旋耕进行土壤消毒或拌土放入定植穴。

第二节　常见虫害

一、菜粉蝶（菜青虫）

菜粉蝶，别名菜白蝶，幼虫又称菜青虫，是衢州市及全国分布最普遍、为害最严重、经常成灾的害虫。已知的寄主植物有9科35种之多，嗜食十字花科植物，特别偏食厚叶片的甘蓝、花椰菜、白菜、萝卜等。在缺少十字花科植物时，也可取食其他寄主植物。

1. 形态特征

菜粉蝶属完全变态发育，分卵、幼虫、蛹、成虫4个阶段。

（1）卵，竖立呈瓶状，高约1 mm，短径约0.4 mm。初产时淡黄色，后变为橙黄色，孵化前为淡紫灰色。卵壳表面有许多纵横列的脊纹，形成长方形的小格，卵散产。

（2）幼虫，俗称菜青虫。幼虫共5龄，末龄幼虫体长28~35 mm。幼虫初孵化时灰黄色，后变青绿色，体圆筒形，中段较肥大，背部有一条不明显的断续黄色纵线，气门线黄色，每节的线上有2个黄斑。体密布细小黑色毛瘤，各体节有4~5条横皱纹。

（3）蛹，长18~21 mm，纺锤形，两端尖细，中部膨大而有棱角状突起。体色随化蛹时的附着物而异，有绿色、淡褐色、灰黄色等。雄蛹仅第9腹节有1生殖孔，雌蛹第8、第9节分别有1交尾孔和生殖孔。

（4）成虫，体长12~20 mm，翅展45~55 mm。雄虫体乳白色，雌虫略深，淡黄白色。雌虫前翅前缘和基部大部分为黑色，顶角有1个大三角形黑斑，中室外侧有2个黑色圆斑，前后并列。后翅基部灰黑色，前缘有1个黑斑，翅展开时与前翅后方的黑斑相连接。雄虫前翅正面灰黑色部分较小，翅中下方的2个黑斑仅前面一个较明显。成虫常有雌雄二型，更有季节二型的现象，即有春型和夏型之分，春型翅面黑斑小或消失，夏型翅面黑斑显著，颜色鲜艳。

菜粉蝶幼虫

菜粉蝶成虫

2. 生活史及习性

菜粉蝶各地普遍发生，各地年生代数不同，衢州地区年发生 7~9 代，以蛹越冬。越冬场所多在受害菜地附近的篱笆、墙缝、树皮下、土缝里或杂草及残枯叶间，多在向阳面越冬。

越冬蛹的羽化时间为早春 2—4 月。越冬代成虫的羽化期持续时间长，羽化期长达 1 个月之久。这是导致田间发生世代重叠的主要原因，也给预测预报和防治带来一定的难度。为害盛期在春末夏初（4—6 月）和秋初（9—11 月）。

菜粉蝶成虫白天活动，尤以晴天中午更活跃。羽化的成虫取食花蜜，交配产卵，每次只产 1 粒，卵散产在叶片的背面或正面（但以叶背面为多），夏季多产在寄主叶片背面，冬季多产在叶片正面。成虫明显趋向于在花椰菜、结球甘蓝上产卵，其次是白菜、菜心上产卵。菜粉蝶喜在这类植物上产卵主要是此类蔬菜含有芥子油糖苷，可吸引成虫产卵。每雌产卵 100~200 余粒，多的可达 500 余粒，以越冬代和第 1 代成虫产卵量较多。这些卵呈淡黄色，堆积在一起。初孵幼虫先取食卵壳，然后再取食叶片。1~2 龄幼虫有吐丝下坠习性，幼虫行动迟缓，大龄幼虫有假死性，当受惊动后可蜷缩身体坠地。幼虫老熟时爬至隐蔽处，先分泌黏液将臀足粘住固定，再吐丝将身体缠住，再化蛹。

菜粉蝶发育最适温为 20~25 ℃，相对湿度 76%左右。在适宜条件下，卵期 4~8 d；幼虫期 11~22 d；蛹期约 10 d（越冬蛹除外）；成虫期约 5 d。

3. 为害特点

幼虫咬食寄主叶片，2 龄前仅啃食叶肉，留下一层透明表皮，3 龄后蚕食叶片孔洞或缺刻，严重时叶片全部被吃光，只残留粗叶脉和叶柄，造成绝产，易引起白菜软腐病的流行。苗期受害严重时，重则整株死亡，轻则影响包心。幼虫还可以钻入甘蓝叶内为害，不但在叶球内暴食菜心，排出的粪便还污染菜心，使蔬菜品质变坏，并引起腐烂，降低蔬菜的产量和品质。一年中以春秋两季为害最重。

4. 综合防治

菜粉蝶的防治应以农业防治措施为主，以培育无虫壮苗、健康栽培为重点，适当采用物理防治，保护利用天敌，有选择地使用生物农药和化学农药。

（1）农业防治。合理布局，尽量避免十字花科蔬菜周年连作。在一定时间、空间内，切断其食物源。十字花科蔬菜收获后，清除田间残株，消灭田间残留的幼虫和蛹。早春可通过覆盖地膜，提早春甘蓝的定植期，避过第 2 代菜粉蝶的为害。

（2）生物防治。在天敌大量发生期间，应注意尽量少使用化学药剂，尤其是广谱性和残效期长的农药。释放蝶蛹金小蜂、赤眼蜂等天敌。

（3）化学防治。菜粉蝶的化学防治应根据发生期预测和制定的防治指标，综合气候、天敌发生情况和蔬菜剩余期综合考虑，决定防治适期。常用药剂有80%敌百虫可溶粉剂1 000~1 500倍液。

二、甜菜夜蛾

甜菜夜蛾又名玉米夜蛾、玉米小夜蛾、玉米青虫，属鳞翅目夜蛾科。为杂食性害虫，为害白菜、大白菜、番茄、豇豆、葱、玉米、棉花、甜菜、芝麻、花生、烟草、大豆等170多种植物。以幼虫为害叶片，初孵幼虫先取食卵壳，后陆续从绒毛中爬出，1~2龄常群集在叶背面为害，取食叶肉，留下表皮，呈窗户纸状。3龄以后的幼虫分散为害，还可取食苞叶，可将叶片吃成缺刻或孔洞，4龄以后开始大量取食，严重发生时可将叶肉吃光，仅残留叶和叶柄脉。3龄以上的幼虫还可钻蛀果穗为害造成烂穗。

1. 形态特征

成虫体长10~14 mm，翅展25~30 mm，虫体和前翅灰褐色，前翅外缘线由1列黑色三角形小斑组成，肾形纹与环纹均黄褐色。卵圆馒头形，卵粒重叠，形成1~3层卵块，有白绒毛覆盖。幼虫体色多变，一般为绿色或暗绿色，气门下线黄白色，两侧有黄白色纵带纹，有时带粉红色，各气门后上方有1个显著白色斑纹。腹足4对。蛹体长1 cm左右，黄褐色。

甜菜夜蛾成虫

甜菜夜蛾蛹

甜菜夜蛾幼虫

甜菜夜蛾卵

2. 生活史及习性

在浙西地区一年发生 5~6 代，少数年份发生 7 代，主要以蛹在土壤中越冬。成虫有强趋光性，但趋化性弱，昼伏夜出，白天隐藏于叶片背面、草丛和土缝等阴暗场所，傍晚开始活动，夜间活动最盛。卵多产于叶背，苗株下部叶片上的卵块多于上部叶片。平铺一层或多层重叠，卵块上披有白色鳞毛。卵块 1~3 层排列，覆白色绒毛。每雌可产卵 100~600 粒。卵期 2~6 d。幼虫昼伏夜出，有假死性，稍受惊吓即卷成“C”状，滚落到地面。幼虫怕强光，多在早、晚为害，阴天可全天为害。虫口密度过大时，幼虫可自相残杀。老熟幼虫入土，吐丝筑室化蛹。各代幼虫发生为害的时间为：第 1 代高峰期为 5 月下旬至 6 月下旬，第 2 代高峰期为 6 月上中旬至 7 月中旬，第 3 代高峰期为 7 月中旬至 8 月下旬，第 4 代高峰期为 8 月上旬至 9 月中下旬，第 5 代高峰期为 8 月下旬至 10 月中旬，第 6 代高峰期为 9 月下旬至 11 月下旬，第 7 代发生在 11 月上中旬，该代为不完全世代。一般情况下，从第 3 代开始会出现世代重叠现象。适温（或高温）高湿环境条件有利于甜菜夜蛾的生长发育。一般 7—9 月是为害盛期，7—8 月降水量少，湿度小，有利其大发生。

3. 为害特点

初孵幼虫结疏松网在叶背群集取食叶肉，受害部位呈网状半透明的窗斑，干枯后纵裂：3 龄后幼虫开始分群为害，可将叶片吃成孔洞、缺刻，严重时全部叶片被食尽，整个植株死亡。4 龄后幼虫开始大量取食，蚕食叶片，啃食花瓣，蛀食茎秆及果荚。

4. 综合防治

（1）农业防治。在蛹期结合农事需要进行中耕除草、冬灌，深翻土壤。早春铲除田间地边杂草，破坏早期虫源滋生、栖息场所，这样有利于恶化其取食、产卵环境。

（2）物理防治。傍晚人工捕捉大龄幼虫，挤抹卵块，这样能有效地降低虫口密度。在成虫始盛期，在大田设置黑光灯、高压汞灯及频振式杀虫灯诱杀成虫，同时利用性诱剂诱杀成虫。

（3）生物防治。使用苏云金杆菌进行防治及保护，利用腹茧蜂、叉角厉蝽、星豹蛛、斑腹刺益蝽等天敌进行生物防治。卵的优势天敌有黑卵蜂，短管赤眼蜂等；幼虫优势天敌有绿僵菌。

（4）化学防治。在幼虫孵化盛期，于8:00前或18:00后喷施25%灭幼脲乳油1 000~2 000倍液，4.5%高效氯氰菊酯乳油1 000倍液+50 g/L氟虫脲可分散液剂500倍液的混合液喷施。

三、白粉虱

白粉虱又名小白蛾子。属半翅目粉虱科。是一种世界性害虫，衢州市各地均有发生，是大棚内种植作物的重要害虫。寄主范围广，黄瓜、菜豆、茄子、番茄、辣椒、冬瓜、莴苣、白菜、芹菜、葱、豆类等都能受其为害。

1. 形态特征

（1）卵。椭圆形，具柄，开始浅绿色，逐渐由顶部扩展到基部为褐色，最后变为紫黑色。

（2）幼虫。1龄幼虫身体为长椭圆形，较细长；有发达的胸足，能就近爬行，后期静止下来，触角发达，腹部末端有1对发达的尾须，相当于体长的1/3。2龄幼虫胸足显著变短，无步行机能，定居下来，身体显著加宽，椭圆形；尾须显著缩短。3龄幼虫体形与2龄幼虫相似，略大；足与触角残存；体背面的蜡腺开始向背面分泌蜡丝；可显著看出体背有3个白点，即胸部两侧的胸褶及腹部末端的瓶形孔。

（3）蛹。早期，身体显著比3龄加长加宽，但尚未显著加厚，背面蜡丝发达四射，体色为半透明的淡绿色，附肢残存；尾须更加缩短。中期，身体显著加长加厚，体色逐渐变为淡黄色，背面有蜡丝，侧面有刺。末期，比中期更长更厚，成匣状，复眼显著变红，体色变为黄色，成虫在蛹壳内逐渐发育起来。

（4）成虫。雌虫，个体比雄虫大，经常雌雄成对在一起，大小对比显著。腹部末端有3对产卵瓣（背瓣、腹瓣、内瓣），初羽化时向上折，以后展开。腹侧下方有2个弯曲的黄褐色曲纹，是蜡板边缘的一部分。2对蜡板位于第2、第3腹节两侧。雄虫和雌虫在一起时常常颤动翅膀。腹部末端有一对钳状的阳茎侧突，中央有弯曲的阳茎。腹部侧下方有4个弯曲的黄褐色曲纹，是蜡板边缘的一部分。

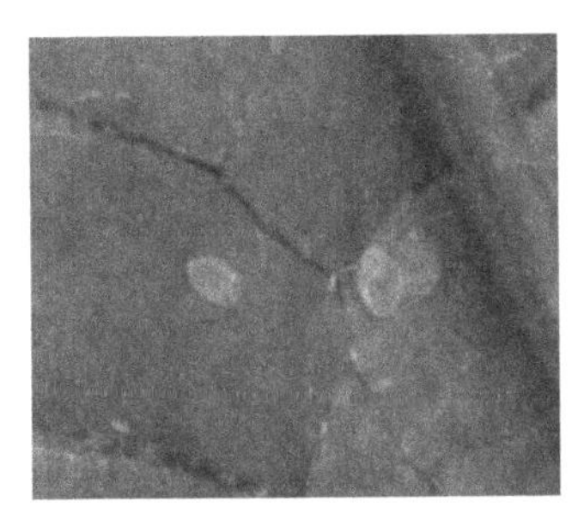
白粉虱卵

白粉虱成虫

2. 生活史及习性

白粉虱最适发育温度25~30 ℃，在大棚内一般1个月发生1代。成虫不善飞，有趋黄性，群集在叶背面，具趋嫩性，故新生叶片成虫多，中下部叶片若虫和伪蛹多。交配后，1头雌虫可产100多粒卵，多者400~500粒。

3. 为害特点

白粉虱对蔬菜的为害主要有：直接为害，连续吸吮使植物生长缺乏碳水化合物，产量降低；注射毒素，吸食汁液时把毒素注入植物中；引发霉菌，其分泌的蜜露适于真菌生长，污染叶片与果实；影响产品质量，白粉虱在植株叶背大量分泌蜜露，引起真菌大量繁殖，影响到植物正常呼吸与光合作用，从而降低蔬菜果实质量，影响其商品价值；传播病害，白粉虱是各种作物病毒病的介体。白粉虱成虫排泄物不仅影响植株的呼吸，还能引起煤烟病等发生。

4. 综合防治

（1）轮作倒茬。在白粉虱发生猖獗的地区，棚室秋冬茬或棚室周围的露天蔬菜种类应选芹菜、茼蒿、菠菜、油菜、蒜苗等白粉虱不喜食而又耐低温的蔬菜，既免受为害又可防止向棚室蔓延。

（2）根除虫源。育苗或定植时，清除基地内的残株杂草，熏杀或喷杀残余成虫。苗床上或大棚放风口设置避虫网，防止外来虫源迁入。

（3）诱杀及趋避。白粉虱发生初期，可悬挂黄板诱杀，也可在大棚内设置30~40 cm的板，其上涂抹10号机油插于行间高于植株，诱杀成虫，当机油不具黏性时及时擦拭更换。冬春季可在大棚内悬挂镀铝反光幕，驱避白粉虱，同时增加植株上的光照。

（4）生物防治。当大棚内白粉虱成虫平均每株有0.5~1头时，释放人工繁殖的丽蚜小蜂，每隔10 d左右放1次，共放4次；也可人工释放草蛉，一头草蛉一生能捕食白粉虱幼虫170多头。

（5）化学防治。在白粉虱发生初期，每株有成虫2~3头时及时用药。白粉虱发生初期用10%吡虫·噻嗪酮可湿性粉剂1 000倍液或18%吡虫·噻嗪酮悬浮剂1 500倍喷雾，一般5~7 d施用1次，连喷2~3次。10%吡虫·灭多威可湿性粉剂1 000倍液喷施，每5~7 d施用1次，连喷2~3次。最好在浇水未干时喷药，以便于将药剂喷到白粉虱身体上。条件合适的地方，可用敌敌畏烟剂。把80%敌敌畏乳油倒在分散在大棚不同地段的秸秆堆上，点燃后闷棚1夜，每亩用500 g，间隔5~7 d，连熏2~3次。施用农药时应戴护目镜、面罩，防止农药进入眼睛、接触皮肤或吸入体内。

四、蚜虫

蚜虫，又称腻虫、蜜虫，是一类植食性昆虫，包括蚜总科下的所有成员。目前已经发现的蚜虫总共有10个科约4 400种。蚜虫在世界范围内的分布十分广泛，可以进行远程迁移，主要通过随风飘荡的形式扩散。蚜虫的天敌有瓢虫、食蚜蝇、寄生蜂、食蚜瘿蚊、蟹蛛、草蛉等昆虫及病原真菌。

1. 形态特征

体长1.5~4.9 mm，多数约2 mm。有时被蜡粉，但缺蜡片。触角6节，少数5节，罕见4节，感觉圈圆形，罕见椭圆形，末节端部常长于基部。眼大，多小眼面，常有突出的3小眼面眼瘤。喙末节短钝至长尖。腹部大于头部与胸部之和。前胸与腹部各节常有缘瘤。腹管通常管状，长常大于宽，基部粗，向端部渐细，

蚜虫成虫

中部或端部有时膨大，顶端常有缘突，表面光滑、有瓦纹或端部有网纹，罕见生有或少或多的毛，罕见腹管环状或缺。尾片圆锥形、指形、剑形、三角形、五角形、盔形至半月形。尾板末端圆。表皮光滑、有网纹、皱纹、微刺或颗粒组成的斑纹。体毛尖锐或顶端膨大为头状或扇状。有翅蚜触角通常6节，第3或3~5节有次生感觉圈。前翅中脉通常分为3支，少数分为2支。后翅通常有肘脉2支，罕见后翅变小，翅脉退化。翅脉有时镶黑边。身体半透明，大部分是绿色或是白色。蚜虫分有翅、无翅2种类型。

2. 生活史及习性

蚜虫的繁殖力很强，一年能繁殖10~30个世代，世代重叠现象突出。雌性蚜虫一生下来就能够生育。蚜虫不需要雄性就可以繁殖（孤雌繁殖）。

生活史复杂，无翅雌虫（也成为“干母”）在夏季营孤雌生殖，卵胎生，产幼蚜。植株上的蚜虫过密时，有的长出2对大型膜质翅，寻找新宿主。夏末出现雌蚜虫和雄蚜虫，交配后，雌蚜虫产卵，以卵越冬，最终产生干母。

许多蚜虫外表像白羊毛球是由于蚜虫有蜡腺分泌物。蚜虫腹部有管状突起（腹管），蚜虫具有一对腹管，用于排出可迅速硬化的防御液，成分为甘油三酸酯，腹管通常管状，长大于宽，基部粗，吸食植物汁液，不仅阻碍植物生长，形成虫瘿，传布病毒，而且造成花、叶、芽畸形。

多数种类蚜虫为寡食性或单食性，少数为多食性。由于迁飞扩散寻找寄主植物时要反复转移尝食，可以传播许多种植物病毒，造成更大的为害。

蚜虫与蚂蚁有着和谐的共生关系。蚜虫带吸嘴的小口针能刺穿植物的表皮层，吸取养分。每隔1~2 min，这些蚜虫会翘起腹部，开始分泌含有糖分的蜜露。工蚁赶来，用大颚把蜜露刮下，吞到嘴里。蚂蚁为蚜虫提供保护，赶走天敌；蚜虫也给蚂蚁提供蜜露，这是一个合作互利的交易。

3. 为害特点

在蔬菜叶背或留种株的嫩梢嫩叶上为害，造成节间变短、弯曲，幼叶向下畸形卷缩，使植株矮小，影响包心或结球，造成减产；留种菜受害不能正常抽薹、开花和结籽。同时传播病毒病，造成的为害远远大于蚜害本身。温暖地区或大棚内以无翅胎生雌蚜繁殖，终年为害。

4. 综合防治

（1）化学防治。发现大量蚜虫时，及时喷施农药。可用30%氯氟·吡虫啉悬浮剂1 500~3 000倍液喷施1~2次。对身体披有蜡粉的蚜虫，应加入1%肥皂水或洗衣粉，增加黏附力，提高防治效果。

（2）保护天敌。瓢虫、草蛉、食蚜蝇和寄生蜂等天敌对蚜虫有很强的抑制作用。尽量少施广谱性农药，避免在天敌活动高峰时期施药，有条件的田块可人工饲养和释放蚜虫天敌。

五、蓟马

蓟马是昆虫纲缨翅目的统称。蓟马科隶属于缨翅目蓟马总科，包括针蓟马亚科、棍蓟马亚科、绢蓟马亚科和蓟马亚科等 4 个亚科。该科昆虫广泛分布在世界各地，食性复杂，主要有植食性、菌食性和捕食性，其中植食性占一半以上。

1. 形态特征

蓟马幼虫呈白色、黄色或橘色，成虫黄色、棕色或黑色，体微小，体长 0.5～2 mm，很少超过 7 mm。蓟马头略呈后口式，口器锉吸式；触角 6～9 节，线状，略呈念珠状，一些节上有感觉器；翅狭长，边缘有长而整齐的缘毛，脉纹最多有 2 条纵脉；足的末端有疱状的中垫，爪退化；雌性腹部末端圆锥形，腹面有锯齿状产卵器或呈圆柱形，无产卵器。

2. 生活史及习性

蓟马一年四季均有发生，春、夏、秋三季主要发生在露地，冬季主要在大棚中，为害茄子、黄瓜、芸豆、辣椒、西瓜等作物。发生高峰期在秋季或入冬的 11—12 月，3—5 月则是第 2 个高峰期。雌成虫主要进行孤雌生殖，偶有两性生殖，极难见到雄虫。卵散产于叶肉组织内，每雌产卵 22～35 粒。卵期在 5—6 月为 6～7 d。雌成虫寿命 8～10 d。若虫在叶背取食到高龄末期停止取食，落入表土化蛹。

该科昆虫广泛分布在世界各地，食性复杂，主要有植食性、菌食性和捕食性，其中植食性占一半以上，是主要害虫之一。它们常以锉吸式口器锉破植物的表皮组织吮吸其汁液，引起植株萎蔫，造成籽粒干瘪，影响产量和品质 。

蓟马喜欢温暖、干旱的天气，其适温为 23～28 ℃，适宜空气湿度为 40%～70%；湿度过大不能存活，当湿度达到 100%，温度达 31 ℃时，若虫全部死亡。在雨季，如遇连阴多雨，能导致若虫死亡。大雨后或浇水后致使土壤板结，使若虫不能入土化蛹和蛹不能孵化成虫。

3. 常见品种

瓜蓟马又称棕榈蓟马、棕黄蓟马，主要为害节瓜、冬瓜、西瓜、苦瓜、番茄、茄子及豆类蔬菜。成虫、若虫以锉吸式口器取食心叶、嫩芽、花器和幼果汁液，嫩叶嫩梢受害，组织变硬缩小，茸毛变灰褐或黑褐色，植株生长缓慢，节间缩短，幼瓜受害，果实硬化，瓜毛变黑，造成落瓜。

葱蓟马又称烟蓟马、棉蓟马，体型较大，体长 1.2~1.4 mm，体色自浅黄色至深褐色不等。年发生 8~10 代，世代重叠。葱蓟马寄主范围广泛，达 30 种以上，主要受害的作物有葱、洋葱、大蒜等百合科蔬菜和葫芦科、茄科蔬菜及棉花等。

西花蓟马是一种世界著名的危险性害虫，取食植株的茎、叶、花、果等器官，导致植株枯萎，同时还传播番茄斑萎病毒等多种病毒。

4. 为害特点

蓟马以成虫和若虫锉吸植株幼嫩组织（枝梢、叶片、花、果实等）汁液，嫩叶受害后叶片变薄，叶片中脉两侧出现灰白色或灰褐色条斑，表皮呈灰褐色，出现变形、卷曲，生长势弱，易与侧多食跗线螨为害相混淆。幼果受害，表皮油胞破裂，逐渐失水干缩，疤痕随果实膨大而扩展，呈现不同形状的木栓化银白色或灰白色的斑痕。严重时造成落果，影响产量和品质。

有些蓟马，还可传播病毒病，如烟蓟马可传播番茄斑萎病毒，严重为害番茄、烟草、莴苣、菠萝、马铃薯等作物，给农业生产带来严重的经济损失。

5. 综合防治

（1）农业防治。早春清除田间杂草和枯枝残叶，集中烧毁或深埋，消灭越冬成虫和若虫。加强肥水管理，促使植株生长健壮，减轻为害。

（2）物理防治。利用蓟马趋蓝色、黄色的习性，在田间设置蓝色粘板，诱杀成虫，粘板高度与作物持平。

（3）化学防治。常规使用吡虫啉、啶虫脒等常规药剂。茄果、瓜类、豆类使用25%噻虫嗪水分散粒剂3 000~5 000倍液灌根，减少病毒病的发生，同时减少地下害虫为害。

提前预防蓟马，不要等到泛滥了再用药。如果条件允许，建议采用药剂熏棚和叶面喷雾相结合的方法防治；植株中下部和地面是蓟马若虫栖息地，如在高温期间种植的蔬菜没有覆盖地膜，药剂最好同时喷雾到植株中下部和地面；对花上的蓟马防治时，建议早起 9：00 前施药（因早晨花是张开的），打药的时候用喷雾器托着向上打。

附录 A　相关地方标准规范

附录 A1　中高海拔山地茄子栽培技术规范

1　范围

本标准规定了山地茄子栽培技术的产地选择、栽培技术、病虫害防治、采收等要求。

本标准适用于山地茄子栽培。

2　规范性引用文件

下列文件对于本文件的应用是必不可少的。凡是注日期的引用文件，仅所注日期的版本适用于本文件。凡是不注日期的引用文件，其最新版本（包括所有的修改单）适用于本文件。

GB 5084《农田灌溉水质标准》

GB/T 8321（所有部分）《农药合理使用准则》

GB 16715.3《瓜菜作物种子　第 3 部分：茄果类》

NY/T 496《肥料合理使用准则　通则》

NY/T 1276《农药安全使用规范　总则》

NY/T 1894《茄子等级规格》

NY/T 5010《无公害农产品　种植业产地环境条件》

3　术语和定义

中高海拔山地茄子：种植在海拔 400~1 000 m 的山地茄子，又叫落苏。茄科，茄属，一年生草本植物。

4　产地选择

4.1　产地环境

灌溉水质量应符合 GB 5084 要求。环境空气、土壤质量应符合 NY/T 5010 要求。

4.2　地块选择

选择东坡、南坡、东南坡朝向，土层深厚、土质疏松肥沃、排灌方便，pH

值 6~8（以 pH 值 6.8~7.3 最适宜），2~3 年内未种过茄子的地块。一般在海拔 400~1 000 m 的山地种植，以 600~800 m 最适宜。

5　栽培技术

5.1　品种选择

5.1.1　种子质量应符合 GB 16715.3 要求。

5.1.2　砧木品种

选择亲和力好、抗病性佳的茄子嫁接育苗砧木，如托鲁巴姆等。

5.1.3　接穗品种

选择抗病、优质、丰产、耐寒、商品性好、符合目标市场消费习惯的品种。如引茄 1 号、先锋长茄、浙茄 3 号等。

5.2　育苗

5.2.1　苗床地选择

选择 2~3 年内未种过茄科作物，排灌良好、避风向阳的地块，在大棚内或小拱棚内育苗。

5.2.2　育苗容器

32 孔、50 孔、72 孔穴盘，8 cm×10 cm 或 10 cm×10 cm 营养钵。

5.2.3　育苗介质

5.2.3.1　商品基质

宜采用蔬菜商品专用育苗基质育苗。播种前基质先预湿，基质含水量 30%~35%（干湿度以手捏成团、落地即散为宜）。

5.2.3.2　营养土

自配营养土。选用 65%~75%无病虫源的田土、25%~35%腐熟有机肥、0.2%三元素复合肥（$N\text{-}P_2O_5\text{-}K_2O=15\text{-}15\text{-}15$）配制。要求营养土 pH 值 6~7，疏松、保肥、保水，营养完全。自配营养土密闭堆制 30 d 以上，使用前调节水分，要求营养土干湿均匀，干湿度以手捏成团、落地即散为宜。

5.2.4　苗床准备

育苗前将苗床整理平整、压实，铺设园艺地布，每行并排横放 2 张穴盘，苗床宽度 1.2 m。播种前将预湿好的育苗基质装盘，盘内基质保持每穴均匀一致，不架空，松紧适中。营养土育苗场地均匀撒施 8~25 g/m^2 的 70%甲基硫菌灵可湿性粉剂或 50%多菌灵可湿性粉剂后，翻耕、整平、压实；将经消毒调湿的营养土装入营养钵，稍加压实。

5.2.5 种子处理

种子消毒选用温汤浸种，将干种子放入55~60 ℃的温水中，保持水温浸泡15~20 min，冷却至常温后持续浸种6~8 h，捞出，保湿催芽；或药液浸种，先用清水浸种6~8 h，捞出，用0.1%高锰酸钾溶液浸泡15~20 min，用清水冲洗干净，保湿催芽。

5.3 播种

5.3.1 砧木播种时间

砧木较接穗提前播种。采用托鲁巴姆作砧木时，砧木具3叶1心时播种接穗，一般砧木在2月中旬至3月中旬浸种催芽，比接穗提前20~28 d播种。

5.3.2 接穗播种时间

海拔400~600 m的山区，4月上中旬播种；海拔600 m以上的山区，3月下旬至4月上旬播种。

5.3.3 播种方法与播种量

砧木与接穗种子宜用商品基质平盘育苗。催芽温度28~30 ℃，催芽种子70%以上露白即可播种。播种前苗床浇足底水，均匀撒播种子，再覆盖0.8~1.0 cm基质和蛭石（比例为1∶1）或营养细土，浇透水，贴面覆盖透明地膜，搭建小拱棚，保湿保温。每亩用种量10~15 g。

5.4 苗期管理

5.4.1 温湿度调控

出苗前白天温度28~30 ℃、夜间16~20 ℃，棚内相对湿度60%~70%，不宜超过80%。当1/3种子出土时揭除透明地膜，齐苗后温度管理适当降低温度，白天25~30 ℃、夜间10~15 ℃，最低不低于8 ℃，最高不超过30 ℃。

5.4.2 假植

砧木苗2叶1心至3叶1心时移栽于32孔穴盘或塑料营养钵中；接穗苗2叶1心至3叶1心时移到50孔或72孔的穴盘中。选择晴天或多云天气下午假植，假植前30 min播种床（盘）浇透水，假植后浇透水，并用小拱棚覆盖保湿3~4 d，在气温30 ℃以上时加盖遮阳网降温，使小拱棚内温度不超过30 ℃。

5.4.3 嫁接

在砧木苗5~7片真叶，接穗苗5~6片真叶，秧苗茎粗5~8 mm时开始嫁接。嫁接前3 d喷药1次，嫁接前1 d下午，砧木和接穗浇透水，选择阴天或晴天嫁接，切忌雨天嫁接，嫁接时接穗和砧木保持干燥，嫁接场所避风、避光。宜采用劈接法嫁接。嫁接口距离砧木基部不低于6~7 cm。

5.4.4　嫁接苗管理

5.4.4.1　温度控制

嫁接后利用遮阳网、薄膜、无纺布、毛毯等材料采用不同覆盖方式将苗床温度控制在20~28 ℃，愈合期温度不低于20 ℃、不高于30 ℃，愈合后温度控制在18~25 ℃，不低于15 ℃。

5.4.4.2　湿度控制

嫁接后3 d内苗床内空气相对湿度保持在95%~98%，湿度低于要求时通过喷雾增湿，并防止嫁接口触水。嫁接后3~7 d梯度降低苗床湿度至65%~70%，嫁接苗成活后转入正常管理，白天空气湿度不高于80%。

5.4.4.3　光照控制

嫁接后1~3 d需全遮光，嫁接后第4~5 d早晚小拱棚两侧见光1~2 h，第6~8 d延长小拱棚两侧见光时间，并以嫁接苗不萎蔫为度，9~10 d后撤除遮光物，转入正常管理。

5.4.4.4　除萌

补施肥后，喷清水1次。嫁接苗发生萌蘖后，选晴天上午露水干后抹除砧木萌芽。

5.4.5　苗期水肥管理

控制苗床湿度，做到阴雨天不补水，傍晚不浇水，浇后适当通风换气，降低苗床湿度。小苗嫁接前，补施三元素复合肥（$N\text{-}P_2O_5\text{-}K_2O=15\text{-}15\text{-}15$）500倍液1次；嫁接苗成活后，补施三元素复合肥（$N\text{-}P_2O_5\text{-}K_2O=15\text{-}15\text{-}15$）500倍液1~2次。补施肥后，清水喷1次。肥料质量应符合NY/T 496要求。

5.4.6　苗期病虫害防治

苗期主要病害有猝倒病、灰霉病、立枯病，主要虫害有蚜虫、白粉虱，及时采取综合防治措施。嫁接成活后，喷施1次杀菌剂；除萌后喷施1次杀菌剂防病。

5.4.7　炼苗

定植前3~6 d适当通风、降温、控水、控肥，白天温度20~25 ℃，夜间温度10~15 ℃，进行炼苗。定植前1~2 d浇透水1次。

5.4.8　壮苗标准

接穗与砧木共生期15~25 d，株高15~22 cm，茎粗0.7cm以上，根系发达，叶大而厚，颜色深绿，无病虫害，接口愈合好。

5.5　定植

5.5.1　定植前准备

12月上旬至1月上旬前深翻土壤，深翻深度25 cm以上，同时每亩施入

100~150 kg 生石灰，利用冬季低温冻土杀菌。定植前 15~20 d 整地做畦，畦宽连沟 1.3~1.4 m，其中沟宽 35~40 cm，畦高 25~30 cm。要求土壤湿润，施足基肥。每亩施无害化处理农家肥或商品有机肥2 000~2 500 kg，三元复合肥（N-P_2O_5-K_2O=15-15-15）20~30 kg，钙镁磷肥 10~15 kg，硼锌微肥 0.5 kg，基肥占总肥量的60%以上，避免利用尿素和碳铵作基肥。

5.5.2　定植时间

10 cm 土层温度稳定在 12 ℃以上、气温 10 ℃以上时开始定植。海拔 600~700 m 的山地宜在 5 月下旬至 6 月上旬选择冷尾暖头的晴天定植。

5.5.3　定植方法及密度

双行定植，每穴一株，株距 50~60 cm，每亩栽1 600~1 900 株，嫁接口距离地面不低于 5 cm。定植后及时浇定根水。

5.6　田间管理

5.6.1　畦面覆盖

山地茄子定植后 10~15 d、门茄“瞪眼”前，进行 1 次较深中耕除草。结合中耕，清理畦沟培土，畦面覆盖稻草。

5.6.2　整枝搭架

选择晴天剪除门茄以下侧枝。选用长 150~220 cm 毛竹片或小竹竿在距离植株基部 8~12 cm 处插入土中，并及时固定植株。

5.6.3　摘叶

茄子开始采收后，每条新枝留 7~8 片健康叶，其余摘除。摘除的叶片要及时集中填埋处理。

5.6.4　肥水管理

第 1 次采收前不追肥，采收第 2 次果后追肥 1 次，以后每采收 2~3 次追肥 1 次。采收前期追肥以硫酸钾型复合肥（N-P_2O_5-K_2O=17-17-17）为主，每次每亩施 15~20 kg；采收后期（9 月中下旬）视长势情况，每亩施追肥以硫酸钾型复合肥（N-P_2O_5-K_2O=17-17-17）8~10 kg+尿素 7~10 kg。提倡滴灌追肥，无滴灌条件的兑水追肥。结果后期视植株生长情况在晴天傍晚进行 1~2 次根外追肥，喷施 0.2%磷酸二氢钾溶液或天然芸苔素。肥料质量应符合 NY/T 496 要求。

5.6.5　灌溉

保持土壤湿润，田间无明显积水。宜应用微蓄微灌技术供水。未铺设滴灌管的，栽植后畦面铺草，必要时灌“跑马水”。

6　病虫害防治

6.1　防治原则

按照“预防为主，综合防治”的植保方针，坚持以“农业防治、物理防治、生物防治为主，化学防治为辅”的防治方法，合理使用高效低毒低残留的农药，把病虫草发生为害控制在经济允许水平以下。

6.2　主要病害

猝倒病、黄萎病、青枯病、灰霉病、绵疫病、褐纹病、根腐病、立枯病、菌核病等。

6.3　主要虫害

蚜虫、白粉虱、蓟马、茶黄螨、潜叶蝇、红蜘蛛、二十八星瓢虫、斜纹夜蛾、蜗牛、蛞蝓等。

6.4　农业防治

选用抗病品种、嫁接育苗、增施有机肥、适期播种、地面覆膜、种子消毒、轮作、冬季深翻冻土、深沟高畦、清洁田园、培育无病壮苗、加强田间管理等农业防治方法，提高植株抗病能力。

6.5　生物防治

6.5.1　保护利用天敌

宜利用天敌防治病虫害。保护利用瓢虫、赤眼蜂、丽蚜小蜂、草蛉、蜘蛛、捕食螨等天敌害虫防治。

6.5.2　生物制剂

采用苦参碱、阿维菌素等生物源农药防治。

6.6　物理防治

利用避雨栽培、温汤浸种等物理防治技术减轻病害；用黄板、蓝板、杀虫灯、性诱剂等诱杀害虫。

6.7　化学防治

农药使用按 GB/T 8321 和 NY/T 1276 规定执行。选用已登记的农药或经农业推广部门试验后推荐的高效、低毒、低残留的农药品种，避免长期使用单一农药品种，禁止使用高毒、高残留农药。药剂防治参见附录 A1. 1。

7　采收

山地茄子采收应尽量早采，开花后 18~25 d（茄子萼片与果实相连接部位的白色环状带不明显时）就及时采收上市。茄子宜在 10: 00 前进行采收，或16: 00 后采摘。山地茄子等级规格应符合 NY/T 1894 要求。

附录 A1.1
(规范性附录)

山地茄子主要病虫害防治

防治对象	农药种类	常用农药使用稀释倍数	最多施用次数	防治方法	安全间隔期（d）
猝倒病	80%甲霜·霉灵 WP	1 500~2 000	3	喷雾	3
灰霉病	50%腐霉利 WP	800	2	喷雾	7
根腐病	50%异菌脲 WP	1 000	3	根茎部喷雾	10
立枯病	98%噁霜灵 SP	2 000	2~3	喷雾	5
黄萎病	50%氯溴异氰尿酸 SP	1 500~2 000	2~3	发病初期喷雾	3
青枯病	3%中生菌素 WP	600~800	3	喷雾	5
绵疫病	64%噁霜·锰锌 WP	500	3	喷雾	3
病毒病	20%吗胍·乙酸铜 WP	800	4	喷雾	7
褐纹病	65%代森锰锌 WP	500	2	初期喷雾	3
菌核病	40%菌核净 WP	2 000	3	初期喷雾	7
白粉虱	25%噻虫嗪 WDG	2 000~4 000	2	喷雾	3
茄螟（蛀心虫）	10%四氯虫酰胺 SC	750	2	喷雾	7
蚜虫	1.5%除虫菊素 EC	200	2	喷雾	2
蚜虫	1.5%苦参碱 AS	2 000~3 000	2	喷雾	3
蓟马	60 g/L 乙基多杀菌素 SC	2 000	3	喷雾	5
茶黄螨、红蜘蛛	24%螺螨酯 SC	4 000~5 000	1	喷雾	7
茶黄螨、红蜘蛛	20%哒螨灵 WP	3 000	2	喷雾	7
潜叶蝇	75%灭蝇胺 WP	3 500~5 000	2	喷雾	7
斜纹夜蛾	5%氯虫苯甲酰胺 SC	1 000	2	喷雾	3
二十八星瓢虫	3.2%甲维盐·氯氰 ME	3 000~4 000	2	喷雾	7
蜗牛、蛞蝓	80%四聚乙醛 WP	600~1 000	2	喷雾	1

注：1. 国家新禁用的农药自动从本清单中删除。

2. 使用农药名称相同，含量或剂型不同的农药，需注意制剂用药量、安全间隔期和每季最多使用次数等应符合标签要求。

3. 科学合理使用农药，注意交替使用，不可单一。

附录A2　山地长瓜（瓠瓜）栽培技术规范

1　范围

本规程规定了山地长瓜术语与定义、产地环境条件、肥料农药选择、生产技术管理、病虫害防治、采收、采后管理、生产档案、生产模式图等要求。

本标准适用于山地长瓜栽培。

2　规范性引用文件

下列文件对于本文件的应用是必不可少的。凡是注日期的引用文件，仅所注日期的版本适用于本文件。凡是不注日期的引用文件，其最新版本（包括所有的修改单）适用于本文件。

GB/T 8321（所有部分）《农药合理使用准则》

GB 15618《土壤环境质量》

NY/T 496《肥料合理使用准则》

NY/T 1276《农药安全使用规范　总则》

NY/T 5010《无公害农产品　种植业产地环境条件》

3　术语和定义

下列术语和定义适用于本标准。

山地长瓜：海拔高度 200 m 以上的坡地或台地种植的长瓜（瓠瓜）。

4　产地环境条件

海拔在 200 m 以上，交通便利、生态条件良好、远离污染源、地势高燥、排灌方便、土层深厚疏松的坡地或台地；环境空气质量、灌溉水质、土壤环境应符合 NY/T 5010 无公害农产品种植业产地环境条件和 GB 15618 土壤环境质量的规定。

5　肥料农药选择

肥料质量应符合 NY/T 496 要求。农药使用按照 GB/T 8321 规定执行。

6　生产技术管理

6.1　品种选择

选择品质好、产量高、抗性强的品种。长棒形品种可选择浙蒲 6 号，长筒形品种可选择浙蒲 8 号，短筒形品种可选择浙蒲 9 号等。

6.2　种子质量与用种量

种子纯度≥96%，净度≥97%，发芽率≥85%，水分≤9%。育苗栽培用种量

100~120 g/亩；直播栽培用种量 200~250 g/亩。

6.3 播种期

春季栽培，4 月底播种育苗，5 月上旬定植；秋季栽培，8 月上中旬直播。

6.4 播种育苗

6.4.1 育苗床准备

育苗宜在专用育苗大棚内进行。避免 3 年内栽培长瓜的田块做苗床。

6.4.2 育苗土配制

选用 3 年内未种过葫芦科作物的肥沃园土、与经无害化处理的有机肥按 7：3 比例混合，每立方米肥土中加 0.5~1.0 kg 复合肥（$N\text{-}P_2O_5\text{-}K_2O=15\text{-}15\text{-}15$），混合均匀整细过 1 cm 见方筛，制成营养土。也可采用商品基质育苗。

6.4.3 床土消毒

每平方米育苗床用 50%多菌灵可湿性粉剂 8 g 兑清水 100 倍液喷洒消毒，充分拌匀后盖膜堆积 7 d 以上，播种前 1~2 d 揭膜。

6.4.4 浸种催芽

播种前晒种 2~3 d，每天晒 3~4 h。将种子浸于 55 ℃的热水中不停搅拌，保持水温恒定 15~20 min，待水温降至 30 ℃时继续浸种 6~8 h，种子捞出洗净后，稍加晾干，再用干净湿布包好，在 20~30 ℃下催芽，待一半种子露白时挑选发芽种子分次播种。

6.4.5 育苗容器选择

采用营养钵、穴盘进行育苗。营养钵育苗选用 8 cm×8 cm 的营养钵，穴盘育苗选用规格为 50 穴的穴盘。

6.4.6 播种方式

6.4.6.1 育苗播种

浇足底水，水渗透后将种子播于每穴中央，每穴播种 1 粒，后覆盖含水量 40%~45%的基质或营养土 1.0~1.5 cm。

6.4.6.2 种子直播

秋季采用直播栽培，开浅沟，播种前灌足底水，每穴直播 2~3 粒发芽种子，覆 2 cm 细土。

6.4.7 苗期管理

发芽期昼温应保持 28~30 ℃，夜温不低于 15 ℃；出苗后白天温度控制在 25~30 ℃，夜温 13~18 ℃。

6.4.8　壮苗标准

春季苗龄 20~25 d，株高 10~15 cm，具有 2~3 片真叶，叶色浓绿，叶片圆整，节间短、叶柄短、根系发达，无病虫害，无机械损伤。秋季直播田块要在播种后 15~20 d 具 3~4 片真叶时定苗。

6.5　整地施肥

定植前 10~15 d 施基肥，每亩施农家肥3 000 kg 或商品有机肥 500 kg，加钙镁磷肥 25 kg 和复合肥（$N\text{-}P_2O_5\text{-}K_2O=15\text{-}15\text{-}15$）40 kg。深翻 0.20~0.30 m 后打碎土块整成宽 2.2 m、高 0.20~0.25 m 的龟背形畦面，每隔 5 畦左右开一条深沟（沟深 0.30~0.35 m），长 45~50 m 开一条腰沟（沟深 0.30~0.35 m）以确保排水顺畅。

6.6　移植定苗

每畦定植 2 行，行距 0.7 m，株距 0.55~0.60 m，定植时苗坨土面与畦面平齐，并用土封严定植孔，定植后立即浇足定根水。

6.7　定植后管理

6.7.1　搭架引蔓

植株成活后，采用毛竹片搭架成一人高的小拱棚，及时用绑绳将瓜藤绑上架，利于通风和采收。

6.7.2　水肥管理

生长期间保持土壤湿润。遇到干旱时适量灌水，大雨后及时排水。山地长瓜前期需氮肥较多，中后期需磷、钾肥较多。在施足基肥的基础上，在苗期可适当施尿素或复合肥，促进秧苗生长，开花结果后，每 7~10 d 追肥 1 次，复合肥 5~10 kg/亩。

6.7.3　培土与整枝

定苗后培土 1 次，大风雨季要防止植株倒伏。及时摘除基部老叶，并及时运出田间集中处理，保持田间清洁。7~8 片真叶时打顶留双蔓，其他侧枝整掉。开花结果期应及时剪除已采收过嫩果的各节老叶，带出田间集中处理，减少病害发生。由于 7—8 月气温较高，山地长瓜植株易疯长，要及时修剪无效叶片与枝条，以利通风。

7　病虫害防治

7.1　防治原则

按照“预防为主，综合防治”的植保方针，坚持以“农业防治、物理防治、生物防治为主，化学防治为辅”的防治方法，合理使用高效低毒低残留的农药。

7.2 主要病虫害

病害主要有白粉病、蔓枯病、炭疽病、病毒病、枯萎病等；虫害主要有地老虎、蝼蛄、蚜虫、粉虱、斜纹夜蛾、瓜绢螟等。

7.3 防治方法

7.3.1 农业防治

选用抗（耐）病品种，冬季翻晒冻土，与非葫芦科作物实行 3~4 年轮作，培育无病虫害壮苗，使用经无害化处理的有机肥，及时除草与整枝打叶，保持田园整洁。

7.3.2 生物防治

使用生物农药和植物源农药，保护利用天敌。

7.3.3 物理防治

利用色板、昆虫性诱剂、杀虫灯等诱杀害虫。利用黑地膜覆盖以降低草害和田间湿度，减少田间发病率。

7.3.4 化学防治

科学安全使用化学农药，选择高效低毒低残留环境友好型农药品种，严格农药安全间隔期。选用登记农药或农业推广部门推荐的高效、低毒、低残留的农药品种，避免长期使用单一农药品种，禁止使用高毒、高残留农药。药剂防治参见附录 A2.1。

8 采收

开花后 7~10 d，果色嫩绿、达到商品成熟度、果面绒毛完整时采收，宜在 10:00 前用剪刀连同果柄一起剪下。

9 采后管理

9.1 标志

包装上应使用农产品合格证或信息卡，标明产品名称、产品的标准编号、商标、生产单位（或企业）名称、详细地址、规格、净含量和包装日期等。

9.2 包装

9.2.1 安全

用于产品包装的容器如塑料框、纸箱等应符合国家食品卫生要求，无毒无害。

9.2.2 规格

按产品的品种、大小设计不同的包装规格，同一规格应大小一致，整洁、干燥、牢固、透气、美观、无污染、无异味，内壁无尖突物，无虫蛀、腐烂、霉变等，纸箱无受潮、离层等现象。同一件包装内的产品需摆放整齐紧密，防止互相摩擦受伤。

9.3 贮存运输

长途运输前应进行预冷，运输过程中应通风散热、注意防冻、防雨淋、防晒。贮存应按品种、规格不同分别贮存。冷藏温度为 5~7 ℃。库内堆码应保证气流流通，温度均匀。不得与有毒有害物质混放。

10 生产档案

应建立健全农药、肥料等农业投入品使用档案和生产档案，档案保存期为 2 年以上。

11 生产模式图

山地长瓜（瓠瓜）生产模式图参见附录 A2.2。

附录 A2.1
(资料性附录)

山地长瓜（瓠瓜）主要病虫害防治

防治对象	农药种类	常用农药使用稀释倍数	最多施用次数	防治方法	安全间隔期（d）
土壤处理	50%多菌灵 WP	0.5 kg/亩	1	土壤消毒	7
白粉病	15%三唑酮 WP	1 000	3	喷雾	7
白粉病	10%苯醚甲环唑 WDG	1 500	3	喷雾	7
炭疽病	70%甲基硫菌灵 WP	500	3	喷雾	7
病毒病	20%吗胍·乙酸铜 WP	500	3	发病初期喷雾	7
枯萎病	50%敌磺钠 WP	500	3	灌根	10
蚜虫	10%吡虫啉 WP	2 000	3	喷雾	7
斜纹夜蛾	1%苦参碱 AS	1 000		喷雾	3
瓜绢螟	1%印楝素 AS	3 000		喷雾	
粉虱	10%吡虫啉 WP	2 000	2		7
地老虎	90%敌百虫 SP		1	毒饵诱杀	7
蝼蛄	90%敌百虫 SP		1	毒饵诱杀	7

注：1. 国家新禁用的农药自动从本清单中删除。

2. 使用农药名称相同，含量或剂型不同的农药，须注意制剂用药量、安全间隔期和每季最多使用次数等应符合标签要求。

3. 科学合理使用农药，注意交替使用，不可单一。

附录A2.2

(资料性附录)

山地长瓜(瓠瓜)栽培生产技术模式图

山 地 长 瓜 （瓠 瓜） 栽 培 技 术 模 式 图

<table>
<tr><td rowspan="2">时期</td><td colspan="3">4月</td><td colspan="3">5月</td><td colspan="3">6月</td><td colspan="3">7月</td><td colspan="3">8月</td><td colspan="3">9月</td></tr>
<tr><td>上旬</td><td>中旬</td><td>下旬</td><td>上旬</td><td>中旬</td><td>下旬</td><td>上旬</td><td>中旬</td><td>下旬</td><td>上旬</td><td>中旬</td><td>下旬</td><td>上旬</td><td>中旬</td><td>下旬</td><td>上旬</td><td>中旬</td><td>下旬</td></tr>
<tr><td>季节安排</td><td colspan="18"></td></tr>
<tr><td>春播</td><td colspan="3">播前准备</td><td colspan="2">播种期</td><td colspan="2">苗 期</td><td colspan="2">定植期</td><td colspan="9">大 田 管 理 期</td></tr>
<tr><td>栽培技术措施</td><td colspan="3">1. 选用良种：选择品质好、产量高、抗性强的浙蒲6号、浙蒲8号、越蒲1号、浙蒲9号等。
2. 苗床准备：在专用育苗大棚内进行。
3. 种子准备：亩用种量为100～120 g；直播栽培亩用种量200～250 g。</td><td colspan="2">1. 播期选择：5月上旬至下旬播种为宜。
2. 种子处理。
3. 播种方式：将发芽种子1粒播于穴中，边播边覆盖细土、育苗基质或泥炭等。</td><td colspan="2">壮苗选择：苗龄15～20 d，株高10～15 cm, 具有2～3片真叶，叶色浓绿，节间短、叶柄短、根系发达，无病虫害，无机械损伤。直播田在播种后20～25 d, 株高10～15 cm，具有3～4片真叶时定苗。</td><td colspan="2">1. 整地施肥：定植前10～15 d施足基肥。
2. 移植定苗：在栽培畦上按每畦定植2行，行距0.70 m，株距0.55～0.6 m。</td><td colspan="9">1. 水肥管理：遇到干旱时适量灌水；大雨后及时排水。
2. 培土与整枝：定苗后培土1次；及时摘除基部老叶，运出田间集中处理。在长到0.9 m、7片真叶时打顶和绑藤。开花结果期间，及时剪除已采收过嫩果的各节老叶，带出田间集中处理。及时修剪整枝，保持通风。
3. 病虫害防治：遵循“预防为主，综合防治”的植保方针，优先采用农业防治、物理防治、生物防治，配合合理使用化学防治。
①农业防治：选用抗（耐）病品种，与非葫芦科作物实行3～4年轮作，培育无病虫壮苗。
②生物防治：保护利用天敌，使用生物农药和植物源农药。
③物理防治：日光晒种，黄板诱蚜、灯光诱杀等。
④化学防治：采用对口适量药剂防治。</td></tr>
</table>

附录 A3　山地黄秋葵栽培技术规范

1　范围

本规程规定了山地黄秋葵定义、产地环境条件、肥料农药选择、生产技术管理、病虫害防治、采收、采后管理、生产档案、生产模式图等要求。

本标准适用于山地黄秋葵栽培。

2　规范性引用文件

下列文件对于本文件的应用是必不可少的。凡是注日期的引用文件，仅所注日期的版本适用于本文件。凡是不注日期的引用文件，其最新版本（包括所有的修改单）适用于本文件。

GB/T 8321（所有部分）《农药合理使用准则》

GB 15618—2018《土壤环境质量》

NY/T 496《肥料合理使用准则》

NY/T 1276《农药安全使用规范　总则》

NY/T 5010《无公害农产品　种植业产地环境条件》

3　术语和定义

下列术语和定义适用于本标准。

3.1　山地黄秋葵定义

海拔高度 200 m 以上的坡地或台地种植的黄秋葵。

4　产地环境条件

海拔在 200 m 以上，交通便利、生态条件良好、远离污染源、地势高燥、排灌方便、土层深厚疏松的坡地或台地；环境空气质量、灌溉水质、土壤环境应符合 NY/T 5010 无公害农产品种植业产地环境条件和 GB 15618 土壤环境质量的规定。

5　肥料农药选择

肥料质量应符合 NY/T 496 要求。农药使用按照 GB/T 8321 规定执行。

6　生产技术管理

6.1　品种选择

选择优质、高产、抗病力强的品种，如卡里巴等。

6.2　种子质量与用种量

种子纯度≥95%，净度≥97%，发芽率≥90%，水分≤8%。育苗栽培用种量

180~200 g/亩；直播栽培用种量 400~500 g/亩。

6.3　播种定植期

露地栽培，3 月上旬至 4 月上旬播种育苗，3 月底至 4 月底定植。设施大棚栽培可提早 25~30 d 育苗移栽。

6.4　播种育苗

6.4.1　育苗床准备

育苗宜在专用育苗大棚内进行。避免 3 年内栽培锦葵科作物的田块做苗床。苗床以低于土面 15~20 cm 的槽式为宜。

6.4.2　育苗土配制

选用 3 年未种过锦葵科作物的肥沃园土、与经无害化处理的有机肥按 7：3 比例混合，每立方米园土加 0.5~1.0 kg 复合肥（$N-P_2O_5-K_2O$ = 15-15-15），混合均匀整细过 1 cm 见方筛，制成营养土。提倡用商品育苗基质育苗。

6.4.3　床土消毒

用 50%多菌灵可湿性粉剂按每立方米床土 8 g 兑清水 100 倍液喷洒后盖薄膜，堆积 7 d 以上，在使用前 1~2 d 揭膜。

6.4.4　浸种催芽

播种前晒种 2~3 d，每天晒 3~4 h，杜绝放在水泥地面直晒。将种子浸于 55 ℃的热水中不停搅拌，保持水温恒定 15~20 min，待自然冷却后继续浸种 22~24 h 捞出沥干，间隔 12 h 后用清水继续浸种至 10%种子露白后捞出沥干。

6.4.5　育苗容器选择

采用营养钵、穴盘进行育苗。营养钵育苗选用 8 cm×8 cm 的营养钵。穴盘育苗选用规格为 50 穴的穴盘。

6.4.6　育苗播种

浇足底水，水渗透后将种子播于每穴中央，每穴播种 1 粒，播后覆盖含水量 40%~45%的基质或营养土 1.0~1.5 cm。

6.4.7　苗期管理

发芽期昼温应保持 28~30 ℃，夜温不低于 15 ℃；出苗后白天温度控制在 25~30 ℃、夜温 13~18 ℃。

6.4.8　壮苗标准

苗龄 30~40 d，苗高约 15 cm，具有 3~4 片真叶，叶色浓绿，叶片大而肥厚，节间短、叶柄短、根系发达，无病虫害，无机械损伤。

6.5 整地施肥

定植前10~15 d施基肥，每亩施经无害化处理的农家肥3 000 kg或商品有机肥500 kg，加钙镁磷肥15 kg和复合肥（$N-P_2O_5-K_2O=15-15-15$）20 kg。深翻0.20~0.30 m后打碎土块整成宽1.2~1.50 m（连沟），高0.20~0.25 m的龟背型高畦，每隔5畦开1条深沟（沟深0.30~0.35 m），长45~50 m开1条腰沟（沟深0.30~0.35 m）以确保排水顺畅。

6.6 移栽定苗

每畦定植2行，行距0.50 m，株距0.45~0.50 m，定植时苗坨土面与畦面平齐，并用土封严定植孔，定植后立即浇足定根水。

6.7 田间管理

6.7.1 水肥管理

保持土壤湿润，遇干旱时适量灌水，大雨后及时排水。在施足基肥的基础上，缓苗后适当施尿素或复合肥，浓度0.2%~0.3%；开花结果后少施氮肥、多施钾肥。在始采后每亩穴施高钾复合肥（$N-P_2O_5-K_2O=8-15-22$）10 kg，每隔15~20 d追施1次。剪枝再生栽培的，在剪除主枝同时每亩穴施三元复合肥（$N-P_2O_5-K_2O=15-15-15$）20 kg促进再生。

6.7.2 培土

定苗后培土1次，之后随着植株生长适时清沟培土。

6.7.3 整枝摘叶

及时剪掉侧枝及基部老叶，并即时运出田间集中处理。开花结果期应及时剪除已采收过嫩果的各节老叶。大棚栽培时，7月底开始预留根部侧枝，8月中旬在距植株基部20~25 cm处剪去主枝，每株留2~3个侧枝。

7 病虫害防治

7.1 防治原则

按照“预防为主，综合防治”的植保方针，坚持以“农业防治、物理防治、生物防治为主，化学防治为辅”的防治方法，合理使用高效低毒低残留农药。

7.2 主要病虫害

病害主要有猝倒病、病毒病、菌核病等；虫害主要有蚜虫、蓟马、斜纹夜蛾、根结线虫等。

7.3 防治方法

7.3.1 农业防治

选用抗（耐）病品种，与非锦葵科作物实行2年轮作（提倡水旱轮作），培育无病虫害壮苗，使用经无害化处理的有机肥，及时除草和整枝摘叶，保持田园整洁。冬季翻晒冻土。

7.3.2　生物防治

使用生物农药和植物源农药，保护利用天敌。

7.3.3　物理防治

利用色板、昆虫性诱剂、杀虫灯等诱杀害虫。利用黑地膜覆盖以降低草害和田间湿度，减少田间发病率。

7.3.4　化学防治

科学安全使用化学农药，选择高效低毒低残留环境友好型农药品种，严格农药安全间隔期。选用农业推广部门推荐的高效、低毒、低残留的农药品种，避免长期使用单一农药品种，禁止使用高毒、高残留农药。药剂防治参见附录 A3.1。

8　采收

8.1　外观要求

以嫩果供食，老果内维管束纤维化不可食用。以果长 8~10 cm，表面色泽一致，外部无泥土、无其他外来物污染和病虫斑痕，无枯萎花瓣，无腐烂、无异味为适采嫩果。老熟果宜取籽榨油。

8.2　采收方法

收获盛期一般每天采收 1 次，收获中后期一般隔天采收 1 次，采收时戴手套。

9　采后管理

9.1　标志

包装上应使用农产品合格证或信息卡，标明产品名称、产品的标准编号、商标、生产单位（或企业）名称、详细地址、规格、净含量和包装日期等。

9.2　包装

9.2.1　安全

用于产品包装的容器如塑料箱、纸箱、袋等应符合国家食品卫生要求，无毒无害。

9.2.2　规格

按产品的品种、大小设计不同的包装规格，同一规格应大小一致，整洁、干燥、牢固、透气、美观、无污染、无异味，内壁无尖突物，无虫蛀、腐烂、霉变等，纸箱无受潮、离层等现象。同一件包装内的产品需摆放整齐紧密，防止互相摩擦受伤。

9.3 贮存运输

长途运输前应进行预冷，运输过程中应通风散热、注意防冻、防雨淋、防晒。储存应按品种、规格不同分别贮存。冷藏温度为 5~7 ℃。库内堆码应保证气流畅通，温度均匀。不得与有毒有害物质混放。

10 生产档案

应建立健全农药、肥料等农业投入品使用档案和生产档案，档案保存期为 2 年以上。

11 生产模式图

11.1 露地栽培生产模式图参见附录 A3.2。

11.2 设施大棚生产模式图参见附录 A3.3。

附录 A3.1
(资料性附录)

山地黄秋葵主要病虫害防治

防治对象	农药种类	常用农药使用稀释倍数	最多施用次数	防治方法	安全间隔期（d）
土壤处理	50%多菌灵 WP	0.5 kg/亩	1	土壤消毒	7
猝倒病	15%噁霉灵 EC	150	1	喷雾	7
病毒病	20%吗胍·乙酸铜 WP	500	3	发病初期喷雾	7
病毒病	2%宁南霉素 AS	200		发病初期喷雾	
菌核病	40%菌核净 WP	1 500~2 000	3	发病初期喷雾	7
菌核病	50%腐霉利 WP	1 000~2 000	3	发病初期喷雾	7
蚜虫	10%吡虫啉 WP	1 000~2 000	3	喷雾	7
蚜虫	5%高效氯氟氰菊酯 AS	1 000	2	喷雾	7
蓟马	20%氯虫苯甲酰胺 SC	3 000	2	喷雾	3
斜纹夜蛾	1%苦参碱 AS	1 000		喷雾	3
根结线虫	70%辛硫磷 EC	1 500	1	灌根	7
根结线虫	下年水旱轮作				

注：1. 国家新禁用的农药自动从本清单中删除。

2. 使用农药名称相同，含量或剂型不同的农药，须注意制剂用药量、安全间隔期和每季最多使用次数等应符合标签要求。

3. 科学合理使用农药，注意交替使用，不可单一。

附录A3.2

(资料性附录)

山地黄秋葵露地栽培生产技术模式图

山 地 黄 秋 葵 露 地 栽 培 生 产 技 术 模 式 图

时间	4月	5月	6月	7月	8月	9月	10月
旬	上旬、中旬、下旬	上旬、中旬、下旬	上旬、中旬、下旬	上旬、中旬、下旬	上旬、中旬、下旬	上旬、中旬、下旬	上旬、中旬
农时安排	整地、埋肥作畦；直播期	间苗促发	始花；始果		盛果期		
农时安排（生育期）	播前准备；育苗期	移栽期	生长前期	生长及采收期	生长及采收期	生长及采收期	生长末期

高效栽培技术操作规程

品种选择	播种	育苗	苗期管理	整地、定植	整枝、除草	肥料管理	有害生物防治	采收	采后处理
根据当地气候条件、市场需求，选择优质、抗性强、丰产性好的品种。	每亩大田需准备种子150～200 g。	选用规格为50穴或72穴的育苗穴盘，育苗技术按DB 33/T 873执行。	发芽期和苗期昼温应尽量保持25～32 ℃，夜温不低于15 ℃。苗龄30～35 d，3～4片真叶，株高10～15 cm，茎粗0.5～0.8 cm，叶片肥厚，无病虫，根系发达。	1. 定植前10～15 d结合整地施足基肥。 2. 选择晴天傍晚或阴天每畦定植2行。	1. 提倡单秆整枝，也可视苗及肥力供给情况采取双秆或多秆整枝，除预留的侧枝外及时抹除侧枝及基部黄叶。 2. 提倡人工或机械除草，配套养鸭或鹅除草、地膜覆盖防草等。	根据土壤肥力和目标产量，按照NY/T 496的规定进行合理平衡施肥，适当增施钾肥。	遵循“预防为主，综合防治”的植保方针，优先采用农业防治、物理防治、生物防治，合理使用高效低毒低残留的化学农药。	根据不同品种特性，一般花谢后3～5 d采收嫩果上市。收获盛期每天或隔天采收一次，收获中后期一般3～4 d采收一次。采收提倡戴手套。	1. 采后用简易规范包装容器（如框、箱、袋等）。 2. 短期冷藏保鲜的用塑料薄膜袋包装并装箱，袋质量符合GB 9687，纸箱质量符合GB/T 6543。内包装采用蔬菜专用保鲜袋，厚度为0.03～0.05 mm。

附录A3.3
(资料性附录)
山地黄秋葵设施栽培生产技术模式图

山 地 黄 秋 葵 设 施 栽 培 生 产 技 术 模 式 图

时间	2月	3月			4月			5月			6月			7月			8月			9月			10月			11月
	下旬	上旬	中旬	下旬	上旬	中旬	下旬	上旬	中旬	下旬	上旬	中旬	下旬	上旬	中旬	下旬	上旬	中旬	下旬	上旬	中旬	下旬	上旬	中旬	下旬	上旬
农时安排	整地	搭建大棚	再整地、埋肥作畦		直播	间苗促发		始花	始果	盛果						蓄侧枝	培侧枝、剪主枝		侧枝盛果期							生长末期
	播前准备			育苗期		移栽期	生长前期	生长期									侧枝促发期		侧枝再长期							

高效栽培技术操作规程 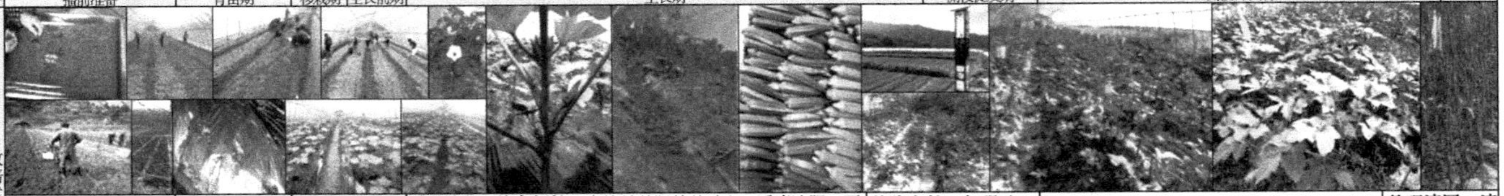						
搭建大棚，施足基肥。选择土层深厚、肥沃疏松、保水保肥能力好的地块，在冬茬收获后，及时深耕，亩施腐熟厩肥3 000 kg、氮磷钾复合肥15 kg。2月底整地，搭建大棚，覆盖薄膜保温。在3月中旬亩施腐熟羊粪200 kg、51%复合肥50 kg及土杂肥200 kg作基肥（地力肥沃地块可适当少施），混匀耙平作畦（连沟宽1.3 m）。	**适时播种，合理密植。**在播种前2 d畦面覆盖黑地膜，以控制杂草生长；3月30日直播，品种为卡里巴，每畦2行，株距30 cm，亩用种量1.0 kg。	**齐苗间苗，壮株定植。**清明后出苗齐苗，期间要及时间苗，即在破心时进行第1次间苗，间去残弱次苗；在2～3片真叶时第2次间苗，选留壮苗；在3～4片真叶时定苗，每穴留1株。	**适时追肥，培育侧枝。**在施足基肥的基础上，适当追肥，不可偏施氮肥。第1次在出苗后进行，亩浇施51%复合肥1.5 kg；第2次在定株后开沟撒施，亩施51%复合肥15 kg；第3次在结果期，亩穴施51%复合肥15 kg。在正常条件下秋葵植株生长旺盛，主侧枝粗壮，叶片肥大，要及时抹除前期侧枝和已采收嫩果以下的各节老叶。在7月底开始预留根部侧枝2～3枝/株。**精心管理，绿色防控。**综合应用棚温调节、肥水调控、合理整枝打叶、控制病虫害等措施，提高秋葵产品质量。夏季在早上9:00以前，下午日落后浇水，避免高温下浇水伤根；两侧棚膜上掀，以利通风降温降湿；雨季注意排水，防止死株，整个生长期以保持土壤湿润为宜；可安装水肥一体设施达成水肥同施，减少人工成本。推广应用菜籽饼集中诱杀地下害虫、覆盖防虫网隔离、悬挂色板诱虫、安装太阳能杀虫灯杀虫等病虫害绿色防控技术应用。	**剪除主枝，加强追肥。**在8月中旬施行剪主枝促侧枝技术，即在距植株基部20 cm处剪去主枝，每株选留2～3个侧枝，剪后8月下旬侧枝开始采收。酌情追肥2～3次，每次间隔7 d左右，防止植株根部早衰；侧枝在主枝剪后7 d即始果，可持续采收至11月上旬，延长采收期30 d以上，亩增产量1 500 kg以上。	**加强管理，防控病虫。**综合应用棚温调节、肥水调控、合理整枝打叶、控制病虫害等措施。在早上9:00以前，下午日落后浇水，避免高温下浇水伤根；两侧棚膜上掀，以利通风降温降湿，9月下旬后晚间盖好侧棚膜以保温；雨季注意排水，防止死株，整个生长期以保持土壤湿润为宜；可安装水肥一体设施达成水肥同施，减少人工施肥成本。棚内悬挂色板诱虫、棚外安装太阳能杀虫灯杀虫等病虫害绿色防控技术，配以用20%氯虫苯甲酰胺SC 1 000倍液等防治斜纹夜蛾幼虫等，确保秋葵产品质量安全。	**整理清园，清除残枝。**在果品纤维多、商品性差时清园，拔除残枝，带出田外粉碎做食用菌菇料；田间用石硫合剂或生石灰消毒处理。也可留残枝作冬种豌豆等越冬藤本作物支架。

附录 A4 小黄姜生产技术规范

1 范围

本标准规定了小黄姜生产的术语和定义、产地环境、种植技术、田间管理、病虫害防治、采收要求。

本标准适用于小黄姜生产。

2 规范性引用文件

下列文件对于本文件的应用是必不可少的。凡是注日期的引用文件，仅注日期的版本适用于本文件。凡是不注日期的引用文件，其最新版本（包括所有的修改单）适用于本文件。

GB/T 8321（所有部分）《农药合理使用准则》

NY/T496《肥料合理使用准则 通则》

NY/T1276《农药安全使用规范 总则》

NY/T 5010《无公害农产品 种植业产地环境条件》

3 术语和定义

3.1 小黄姜

切面纯黄色，味辛辣浓，肉细嫩，味香，纤维较细，药食两用的生姜品种。

4 产地要求

小黄姜栽培宜选择土层深厚、土质肥沃、排灌方便的 pH 值 5~7 的沙壤土或壤土种植，不宜采用黄红土等黏性土壤；且 2 年内未种植过生姜或茄科植物。产地环境条件应符合 NY/T 5010 的要求。

5 种植技术

5.1 品种选择

应选用抗病、优质丰产、抗逆性强、商品性好的小黄姜品种，如乌溪江土种、开化蟠姜。

5.2 姜种处理

5.2.1 晒姜种

3 月上中旬，当气温回升至 12 ℃以上后，将精选好的姜种放在阳光充足处晾晒，晚上收进室内，晒姜后困姜 2~3 d。

5.2.2 催芽

采用火坑法熏姜或电热线法加热以 23~25 ℃温度催芽 30~35 d，直至芽长

0.6~1.2 cm，粗0.7~1.0 cm，玉白色有光泽，顶部钝圆。

5.2.3　掰种

播种前将大块姜种掰开分成每块大小为50~75 g，有1~2个壮芽的小姜块。太阳暴晒或用草木灰处理，促进伤口愈合。

5.3　播种前准备

5.3.1　整地施肥

翻耕前，每亩施腐熟农家肥1 500~2 000 kg、硫酸钾复合肥（N-P-K=18-8-23）15~20 kg、硼砂0.5~1 kg，结合翻耕与泥土充分混匀；深翻25~30 cm，整平耙细。

5.3.2　做畦

翻耕后做畦，畦宽110 cm，沟宽40 cm，沟深30 cm；整地后排种沟（穴），沟（穴）内施钙镁磷肥25 kg/亩。

5.4　播种

5.4.1　播种期

播种时间在4月上中旬，当5 cm地温稳定在16 ℃以上，选择晴暖天气播种。

5.4.2　用种量

每亩用种量为175~200 kg。

5.4.3　播种方法与密度

畦面双行种植，密度按行距50~55 cm，株距25~30 cm，每亩种植3 000~3 500株；如采收嫩姜的，株距可适当加密。排放种姜时将姜块水平放在沟（穴）内，姜芽朝下。种植前如土壤较干，可在种植沟内浇1次透水，等水分下渗后再排种；排种后覆土4~5 cm；覆土后加盖茅草或稻草，促早栽培的可覆盖白色地膜。

6　田间管理

6.1　苗期管理

促早栽培姜田，70%种姜出苗后破膜。

1~2个分枝时施1次壮苗肥，每亩施硫酸钾复合肥（N-P-K=18-18-18）5 kg。6月上旬苗高15 cm以上，有1~2个分蘖时，光照较强的地块，采用插树枝或搭架覆盖遮阳网进行适当遮阴。根据土壤墒情和天气情况及时浇水，阴雨天气做好开沟排水，严防田间积水。

6.2 生长期管理

8月上中旬每亩施硫酸钾复合肥（N-P-K=18-8-23）40~50 kg，9月中下旬视植株生长情况每亩补施硫酸钾复合肥（N-P-K=18-8-23）15~20 kg。施肥后培土，共培土2~3次，每次培土3~5 cm。根据土壤墒情和天气情况及时浇水，保持土壤湿润。培土结束后，在姜垄上土表覆盖一层茅草或稻草，可减少地表蒸发，增强抗旱能力，防止土壤板结并能有效减少杂草发生。

7 病虫害防治

7.1 主要病虫害

主要病虫害有姜瘟病、姜斑点病、炭疽病、斜纹夜蛾、姜螟、蓟马。

7.2 防治原则

贯彻“预防为主、综合防治”的植保方针，优先采用农业防治、物理防治、生物防治方法，合理使用化学防治。严禁使用国家明令禁止的高毒、高残留农药及其他禁用农药。

7.3 农业防治

实行3~4年以上轮作，避免连作或前茬为茄科植物；精选无病害姜种；开沟排水，平衡施肥；及时清除病株，采收后及时清除植株残体，集中掩埋或堆沤发酵，保证田间清洁；整地时每亩撒生石灰35~40 kg进行土壤消毒。

7.4 生物防治

撒施茶籽饼或喷洒茶籽饼浸出液防治地下虫害。

7.5 物理防治

对夜蛾类害虫采用糖醋液诱蛾或专用性诱剂诱杀；用杀虫灯诱杀地老虎、金龟子、蝼蛄、夜蛾等成虫；畦面盖草防草害。

7.6 化学防治

化学防治应做到对症下药，适时用药；注重药剂的轮换使用和合理混用；按照规定的浓度、每年的使用次数和安全间隔期要求使用。化学防治应严格按GB/T 8321（所有部分）农药合理使用准则要求执行。主要病虫草害防治方法参见附录A4.1。

8 采收

生姜在全生育期中按收获的产品可分为嫩姜和老姜2种。嫩姜多在8月上旬至9月下旬采收；老姜需待地上部茎叶开始枯萎，地下部根茎充分膨大老熟时采收，一般在11月上旬初霜到来之前采收。收获后自茎秆基部保留2~3 cm茎茬削去地上茎，无须进行晾晒直接存入地窖。

附录 A4.1
(资料性附录)

小黄姜主要病虫草害用药建议

防治对象	防治适期	农药名称	用药量（亩）或稀释倍数	施用方法	最多使用次数	安全间隔期（d）
姜瘟病	发病初期	3%中生菌素 WP	600 倍	浸种 10 min、灌根	2	3
		20%噻菌铜 SC	500 倍	浸种 10 min、灌根	3	5
姜斑点病	发病初期	25%嘧菌酯 SC	3 000 倍	喷雾	3	3
		10%苯醚甲环唑 WDG	1 500 倍	喷雾	2~3	7
		12.5%烯唑醇 WP	1 500 倍	喷雾	2	21
姜炭疽病	发病初期	25%咪鲜胺 EC	2 000 倍	喷雾	2	7
		70%甲基硫菌灵 WP	1 000 倍	喷雾	2	5
		10%苯醚甲环唑 WDG	1 500 倍	喷雾	2~3	7
斜纹夜蛾、姜螟	幼虫孵化盛期	20%氯虫苯甲酰胺 WDG	10 g	兑水 50 kg 喷雾	2	
		15%茚虫威 EC	20 mL	兑水 50 kg 喷雾	3	3
		2.5%多杀霉素 SC	50 mL	兑水 50 kg 喷雾	3	
蓟马	为害初期	2.5%多杀霉素 SC	50 mL	兑水 50 kg 喷雾	3	
		25%噻虫嗪 WDG	5 000~6 000 倍	喷雾	2	3
		10%吡虫啉 WP	1 000~2 000 倍	喷雾	2	7

附录 A5　茭白绿色生产技术规范

1　范围

本标准规定了茭白生产的术语和定义、产地要求、品种选择、栽培技术、病虫害防治、采收及生产档案等要求。

本标准适用于茭白绿色生产。

2　规范性引用文件

下列文件对于本文件的应用是必不可少的。凡是注日期的引用文件，仅所注日期的版本适用于本文件。凡是不注日期的引用文件，其最新版本（包括所有的修改单）适用于本文件。

GB/T 8321（所有部分）《农药合理使用准则》

NY 525《有机肥料》

NY/T 1276《农药安全使用规范　总则》

NY/T 5010《无公害农产品　种植业产地环境条件》

3　术语和定义

3.1　雄茭

未被菰黑粉菌寄生、茎秆不能膨大形成茭白产品的茭白植株。

3.2　灰茭

肉质茎冬孢子堆较多，致使品质下降丧失商品价值的茭白。

3.3　游茭

茭白根状茎上长出的植株。

3.4　有效分蘖

由茎基部侧芽节间萌发生长出的能够形成正常商品茭白的植株。

3.5　种墩

留种繁殖用的茎丛。

3.6　叶枕

叶片与叶鞘连接处的外侧，呈近似三角形，又称茭白眼。

3.7　薹管

茭白肉质茎以下的茎秆。生产上主要采集肉质茎以下至土壤下面 5 cm 左右，节间相对较长的部分茎秆。

4　产地要求

产地环境应符合 NY/T 5010 的规定。土壤有机质含量在 25 g/kg 以上、pH 值 6~7 为宜，栽培地块地势平坦、水源丰富、排灌便捷。高山单季茭白应选择具有高山气候特点，海拔在 500~1 200 m 的区域，光照好、土层深厚、有水源、保水保肥力强的田块，以凉水经过的水田或近水库灌溉的地块为宜。

5　品种选择

应选择优质、抗性强、丰产性好的品种。单季茭白可选择金茭 1 号、金茭 2 号等品种；双季茭白可选择龙茭 2 号、浙茭 3 号、余茭 4 号等品种。

6　栽培技术

6.1　育苗

6.1.1　种株选择

每年开展种株选择工作，清除雄茭、灰茭及混杂变异株，重复 2 个生产季仍表现优良种性的，即可作为种株留用。选择符合品种特性，株型整齐、无灰茭和雄茭、采收期集中、孕茭率高、结茭部位较低的植株做好标记。

6.1.2　寄秧育苗

茭白采收后 1 个月，挖出种墩，分开薹管寄秧。行距 50 cm，株距 15 cm。

6.1.3　二段育苗

双季茭白宜采用二段育苗。翌年 3 月中旬至 4 月上旬，苗高 15~20 cm 时分株移植到秧田，株行距 50 cm×50 cm。

6.2　整地施基肥

定植前 7~10 d 施基肥，每亩施腐熟农家肥 2 000~2 500 kg或商品有机肥 500~900 kg，商品有机肥应符合 NY 525 规定。翻耕 20~30 cm 土层，耙平，达到田平、泥烂。

6.3　定植

单季茭白在 4 月上旬，苗高 20~25 cm 时定植，密度 80 cm×40 cm，每亩 1 900~2 000株。

双季茭白经二段育苗后，早熟品种 6 月中下旬定植，行距 100~110 cm，株距 50~60 cm，每亩1 100~1 300 株。晚熟品种于 7 月中下旬定植，行距与株距和早熟品种相同。

6.4　追肥

6.4.1　单季茭白

追肥分 3~4 次，在缓苗后至分蘖期，每亩施尿素 5~10 kg；定苗后，每亩施尿素 10~20 kg、复合肥（N-P-K=17-5-23）20~25 kg，隔 10~15 d 视苗情再追施 1 次；孕茭初期，每亩施复合肥（N-P-K=15-5-25）30 kg。

6.4.2　双季茭白

秋茭生长季节追肥分 3 次，在缓苗后至分蘖期，每亩施尿素 15~20 kg、氯化钾 10~15 kg；定苗后，每亩施复合肥（N-P-K=17-5-23）30~40 kg；孕茭初期，每亩施复合肥（N-P-K=15-5-25）70 kg。

夏茭生长季节追肥分 3~4 次，在萌芽后，每亩施尿素 5~10 kg；定苗后，每亩施复合肥（N-P-K=17-5-23）30~40 kg，隔 10~15 d 视苗情再追施 1 次；孕茭初期，每亩施复合肥（N-P-K=15-5-25）30 kg。

6.5　用水管理

茭白在整个生长期间水位的高低随着不同的生育阶段进行调节。应按照“浅水移栽、深水活棵、浅水促蘖，适时搁田、深水孕茭、浅水收获”原则。

6.5.1　单季茭白

定植至分蘖前期保持 3~5 cm 的水位；分蘖后期控制水位 10~12 cm；定苗后搁田至土壤表层出现细小的龟纹裂，搁田后灌水至 5 cm 水位，孕茭期逐步加深至 15~20 cm。追肥和施药等田间操作时水位应控制在 3 cm，3 d 后逐渐恢复水位。

6.5.2　双季茭白

秋茭浅水定植后 15~20 d 内保持 8~10 cm 水位；分蘖前中期保持 2~3 cm 水位，分蘖后期控制在 10~12 cm 水位，分蘖期间宜搁田 1~2 次；孕茭期控制 10~12 cm 水位；采收期控制 3~5 cm 水位。

翌年夏茭出苗期保持田水湿润，分蘖前中期控制 2~3 cm 浅水位；分蘖后期至孕茭期间，控制 10~15 cm 水位；采茭期控制 15~20 cm 深水位。追肥和施药等田间操作时应控制浅水位，3 d 后逐渐恢复水位。

6.6　间苗

茭白出苗后应及时间苗，除去游茭苗，并控制每丛苗数，单季茭白每亩有效分蘖苗 15 000~18 000株，双季茭白每亩有效分蘖苗 18 000~24 000株。

6.7　大棚茭白棚室管理

在 12 月下旬至翌年 1 月上旬选择晴朗无风天气盖膜封棚，翌年 4 月 5 日前后揭膜。田间管理除施追肥时需开棚门通风以防棚内氨气伤苗外，其他与露天夏茭管理基本无异。

6.8　除草

宜选择人工除草和茭田养鸭除草方式，在定植成活后开始耘田除草并除去老叶。

6.9　清洁田园

茭白植株枯黄后，将茭墩齐泥割除地上部植株，并运出田外集中处理。

7　病虫害防治

7.1　主要病虫害

主要病虫害有锈病、胡麻斑病、纹枯病、二化螟、长绿飞虱、螟虫、福寿螺等。

7.2　防治原则

遵循“预防为主，综合防治”的植保方针，优先采用农业防治、物理防治、生物防治，合理使用高效低毒低残留化学农药。

7.3　防治方法

7.3.1　农业防治

宜与非禾本科作物进行 2~3 年轮作，选用抗病虫品种和无病种苗。加强田间管理，改善株间通透性，合理灌溉，科学施肥。及时中耕除草，清除并集中处理茭白植株残体。

7.3.2　物理防治

7.3.2.1　杀虫灯诱杀

虫害可用频振式杀虫灯诱杀，放置要求具体按照产品说明布置，一般每 30 亩范围内设置 1~2 盏频振式杀虫灯。一般每年 4 月上旬至 10 月上旬，每天傍晚开灯，次日清晨关灯，雨天不开灯。开灯诱虫期间，每隔 2~3 d 清理 1 次冲袋和灯具，诱虫高峰期应每天清理 1 次。

7.3.2.2　昆虫性信息素诱杀

螟虫成虫发生期用昆虫性信息素诱杀，分布密度和诱芯更换周期应按产品说明书执行，一般每亩放置 2~3 个诱捕器，一般天气 30 d 更换 1 次诱芯，高温天气 15~20 d 换 1 次诱芯；零星发生田块，应结合田间操作，人工摘除螟虫卵块、枯鞘，并带田外销毁。

7.3.2.3　福寿螺诱杀

福寿螺可采用在田间插高出水面 50 cm 左右高的绿杆引诱其产卵，插杆密度根据产卵多少增减，结合人工捡螺摘卵进行防治。

7.3.3 生物防治

采用茭白田套养鸭、鱼、鳖、泥鳅等控制茭白主要病虫；每亩施茶籽饼 10~15 kg 防治福寿螺（鱼蟹共养田慎用）；采用田埂种植芝麻、大豆、向日葵等蜜源植物，为天敌提供蜜源和庇护所，以保育天敌种群发展，增进天敌的控害功能；采用香根草防治螟虫；采用赤眼蜂防治螟虫，避免高温和大雨天放蜂；采用丽蚜小蜂防治长绿飞虱。

7.4 化学防治

按照 GB/T 8321（所有部分）《农药合理使用准则》和 NY/T1276《农药安全使用规范　总则》要求执行。

根据主要病虫发生情况适期防治，严格掌握施药剂量（或浓度）、施药次数和安全间隔期，提倡交替轮换使用不同作用机理的农药品种。主要病虫害化学防治方法参见附录 A5.1。

8 采收

茭株孕茭部位显著膨大，叶鞘一侧开裂，露出 0.5~1 cm 的白色肉质茎时及时采收。单季茭白一般 7 月中下旬至 9 月下旬采收。露地双季茭白一般 10 月至 12 月采收秋茭，翌年 5 月至 6 月采收夏茭。大棚茭白翌年 4 月中下旬采收夏茭。宜气温低时采收，秋茭 2~3 d 采收 1 次，夏茭 1~2 d 采收 1 次。

9 生产档案

应建立健全农药、肥料等农业投入品使用档案和生产档案，档案保存期为 2 年以上。

附录 A5.1
(资料性附录)

茭白主要病虫害防治方案

防治对象	农药名称	制剂用药量或施用浓度	使用方法	每季使用最多次数	安全间隔期（d）	孕茭期是否禁止使用
锈病	12.5%烯唑醇 WP	3 000~3 500 倍液	发病初期用喷雾，隔 7~10 d 再喷 1 次	2	14	是
	20%腈菌唑 WP	1 500 倍液	发病初期喷雾	1		是
	10%苯醚甲环唑 WG	2 000~3 000 倍液	发病初期喷雾	1	28	是
	80%代森锰锌 WP	800 倍液	发病初期喷雾或分蘖期喷防治	2	10	是
	50%嘧菌酯 WG	300 倍液	发病初期喷雾	1	10	是
	50%吡唑醚菌酯 WG	150 倍液	发病初期喷雾	1	10	是
	12.5%粉唑醇 SC	150 倍液	发病初期喷雾	1	10	是
胡麻叶斑病	50%异菌脲 SC	1 000 倍液	发病初期喷雾	2		是
	20%三环唑 WP	600 倍液	发病初期喷雾	1	10	是
	25%丙环唑 EC	15~20 mL/亩	发病初期喷	1~2，间隔 7 d	28	是
	25%咪鲜胺 EC	50~80 mL/亩	发病初期喷	2~3		是
纹枯病	5%井冈霉素 WP	500~800 倍液	发病初期喷雾，10~15 d 后再喷 1 次	2	14	否
长绿飞虱	65%噻嗪酮 WP	15~20 g/亩	2~3 龄若虫盛发期喷雾	1~2	14	否
	10%噻虫嗪 WP	2 000~3 000 倍液	2~3 龄若虫盛发期喷雾	2		否
	10%吡虫啉 WP	1 000~2 000 倍液	2~3 龄若虫盛发期喷雾	2	14	否
螟虫	20%氯虫苯甲酰胺 SC	3 000~4 000 倍液	第 1 代幼虫孵化时喷雾	2		否
		30 g/hm^2	孵化高峰期喷施	1	10	否
	80%丁虫腈 WG	37.5 g/hm^2	孵化高峰期喷施	1	10	否
	1.8%阿维菌素	35~50 mL/亩	孵化高峰期喷施	2，间隔 7 d	14	否

（续表）

防治对象	农药名称	制剂用药量或施用浓度	使用方法	每季使用最多次数	安全间隔期（d）	孕茭期是否禁止使用
螟虫	2%甲氨基阿维菌素苯甲酸盐 ME	35~50 mL/亩	孵化高峰期喷施	2~3	14	否
	16 000 IU/mg WP	稀释 800 倍	孵化高峰期喷施	1	10	否
福寿螺	6%四聚乙醛 GR	480~700 g/亩	为害期撒施	2		否

附录 B　中华人民共和国农产品地理标志质量控制技术规范《七里茄子》

本质量控制技术规范规定了七里茄子的地域范围、独特自然生态环境、特定生产方式、产品品质特色及质量安全规定、标志使用规定等要求。本规范文本经中华人民共和国农业农村部公告后即为国家强制性技术规范，各相关方必须遵照执行。

1　地域范围

七里茄子地理标志保护范围为：浙江省衢州市柯城区七里乡共 7 个行政村，具体包括：七里三村、桃源村、大头村、沙龙村、上门村、少岭坞村、治岭村，地理坐标为东经 118°41′51″~119°06′39″，北纬 28°31′0″~29°20′07″。保护区面积 0.5 万亩，产量 1.75 万 t。

2　独特自然生态环境

2.1　地形地貌

七里乡地处衢州市区西北部，属柯城区，西与常山县新桥乡交界，东北与太真乡接壤，南与石梁镇为邻，东南紧靠九华乡，乡政府所在地大头村距城区 33 km。七里乡是一个纯山区乡，属怀玉山千里岗山系，乡辖区总面积 60.45 km^2，境内平均海拔 650 m，森林覆盖率达 98%。全乡境内共有千米以上高峰 15 座，七里香溪沿村伴山而过。

2.2　气候特征

七里乡辖区内气候温暖湿润，四季分明，是典型的亚热带气候区，适宜各类亚热带生物生长。保护区内已形成杨木、黄连等植物群落，红豆杉、香榧、银杏、杉木、黄山松以及各类阔叶珍稀树种和药材在该区域内均有生长。由于山高谷深，七里乡气温相对较低，年平均气温在 14 ℃左右，低于衢州城区 3~4 ℃，年均降水量 2 000 mm，无霜期 180~200 d，具备了山区独特的小气候。七里乡境内空气质量良好，乡域内的空气负氧离子含量超过了 1 000个/cm^3。

2.3　土壤特征

土壤以红壤为主，土层深厚，土质疏松、肥沃，pH 值 6.0~7.0，适宜茄子生长。

3 特定生产方式

3.1 品种选择。

3.1.1 种子质量应符合 GB 16715.3 要求。

3.1.2 砧木品种

选择亲和力好、抗病性佳的茄子嫁接育苗砧木，如托鲁巴姆等。

3.1.3 接穗品种

根据七里茄子栽培条件，选择抗病、优质、丰产、耐寒、商品性好、符合目标市场消费习惯的品种，如引茄 1 号、先锋长茄、浙茄 3 号等。

3.2 浸种

3.2.1 选用温汤浸种，将干种子放入 55 ℃的温水中，保持水温浸泡 15~20 min，冷却至常温后持续浸种 6~8 h，捞出，保湿催芽。

3.2.2 药液浸种，先用清水浸种 6~8 h，捞出，用 0.1%高锰酸钾溶液浸泡 15~20 min，用清水冲洗干净，保湿催芽。

3.3 育苗

选择 2 年内未种过茄科作物，排灌良好、避风向阳的地块，在大棚内或小拱棚内育苗，选用穴盘或者营养钵作为育苗容器，准备好育苗基质或者自配营养土育苗。

3.4 播种

3.4.1 砧木播种时间

砧木较接穗提前播种，采用托鲁巴姆作砧木时，一般砧木在 2 月中旬至 3 月中旬浸种催芽，比接穗提前 20~28 d 播种。

3.4.2 接穗播种时间

海拔 400~600 m 的山区，3 月上中旬播种；海拔 600 m 以上的山区，3 月下旬至 4 月上旬播种。

3.4.3 播种方法与播种量

砧木与接穗种子宜采用商品基质平盘育苗。催芽温度 28~30 ℃，催芽种子 50%以上露白即可播种。播种前苗床浇足底水，均匀撒播种子，再覆盖薄 0.5 cm 营养细土或者基质，浇透水，覆盖透明地膜，搭建小拱棚，保湿保温。每亩用种量 10~15 g。

3.5 苗期管理

3.5.1 苗期注意温湿度控制，白天 25~30 ℃为佳，夜晚 10~15 ℃。

3.5.2 在砧木苗 5~7 片真叶，接穗苗 5~6 片真叶，秧苗茎粗 5~8 mm 时开始嫁接。嫁接前砧木和接穗浇透水，嫁接时选择阴天或晴天嫁接，接穗和砧木保持干燥，嫁接场所避风、避光，嫁接方法宜采用劈接法嫁接。

3.5.3 嫁接苗管理

嫁接苗注意温湿度控制，适当通风、补水、透光。苗期根据生长情况可追施三元素复合肥 1~2 次，肥料质量应符合 NY/T 496 要求。

3.6 定植

3.6.1 定植前准备

12 月上旬至 1 月上旬前深翻土壤，撒施生石灰灭菌。定植前整地做畦，沟宽 35~40 cm，畦高 25~30 cm，施足基肥。每亩农家肥或商品有机肥 2 000~2 500 kg，并配施肥少量三元复合肥、钙镁磷肥、硼锌微肥，基肥占总肥量的 60%以上，避免利用尿素和碳铵作基肥。

3.6.2 定植时间

海拔 600~700 m 的山地宜在 5 月下旬至 6 月上旬选择冷尾暖头的晴天定植。

3.6.3 定植方法及密度

双行定植，每穴 1 株，株距 50~60 cm，亩栽 1 600~1 900 株，定植后及时浇定根水。

3.7 田间管理

3.7.1 整枝搭架

选择晴天剪除门茄以下侧枝，选用长毛竹片或小竹竿在距离植株基部 10 cm 左右处插入土中，及时固定植株。

3.7.2 肥水管理

七里茄子第 1 次采收前不追肥，采收第 2 次果后追肥 1 次，以后每采收 2~3 次追肥 1 次。前期采收追肥以硫酸钾型复合肥为主，后期采收视长势情况，追肥以硫酸钾型复合肥+尿素滴灌追肥，无滴灌条件的兑水追肥，结果后期视植株生长情况在晴天傍晚进行 1~2 次根外追肥，喷施 0.2%磷酸二氢钾溶液或天然芸苔素。肥料质量应符合 NY/T 496 要求。结果期宜保持土壤湿润，但也要保持田间无明显积水。

3.8 病虫害防治

3.8.1 防治原则

按照“预防为主，综合防治”的植保方针，坚持以“农业防治、物理防治、生物防治为主，化学防治为辅”的防治方法，合理使用高效低毒低残留的农药，把病虫草发生为害控制在经济允许水平以下。

3.8.2 主要病害

猝倒病、黄萎病、青枯病、灰霉病、绵疫病、褐纹病、根腐病、立枯病、菌核病等。

3.8.3 主要虫害

蚜虫、白粉虱、蓟马、茶黄螨、潜叶蝇、红蜘蛛、二十八星瓢虫、斜纹夜蛾、蜗牛等。

3.8.4 农业防治

选用抗病品种、嫁接育苗、增施有机肥、适期播种、地面覆膜，种子消毒、轮作、冬季深翻冻土、深沟高畦，清沟排水，清洁田园，培育无病壮苗，加强田间管理等农业防治方法，提高植株抗病能力。

3.8.5 生物防治

宜利用天敌防治病虫害。保护利用瓢虫、赤眼蜂、丽蚜小蜂、草蛉、蜘蛛、捕食螨等天敌害虫防治。或者采用苦参碱、阿维菌素等生物源农药防治。

3.8.6 物理防治

利用避雨栽培、温汤浸种等物理防治技术减轻病害；用黄板、蓝板、杀虫灯、性诱剂等诱杀害虫。

3.8.7 化学防治

农药使用按 GB/T 8321 和 NY/T 1276 以及 DB 3308/T 038 规定执行。

3.9 采收

七里茄子采收应尽量早采，开花后 18 d、25 d（茄子萼片与果实相连接部位的白色环状带不明显时）就及时采收上市。茄子宜在 10: 00 前进行采摘或16: 00 后采摘。七里茄子等级规格应符合 NY/T 1894 要求。

3.10 记录管理

做好全程记录，并将记录保持 2 年以上。

4 产品品质特色及质量安全规定

4.1 感官指标

七里茄子果实长条形，果形匀称，四门斗茄子长度可达 40 cm 以上，果皮薄、紫红色、有光泽，果肉洁白、细嫩，蒸煮后糯软微甜，品质上佳。

4.2 品质指标

七里茄子含有碳水化合物、维生素、蛋白质以及钙、磷、铁等营养成分，还原糖（可溶性糖）、氨基酸等含量较高，其中还原糖含量≥2.0（g/100 g FW）、氨基酸总量≥0.80%，维生素 C≥5.0（mg/100 g FW），为七里茄子一大特色。

4.3　质量安全规定

产品生产严格遵守农产品质量安全相关标准要求。

5　标志使用规定

按照农业农村部关于农产品地理标志使用的有关规定，对七里茄子地理标志的使用做如下规定：凡在标志范围内生产经营的七里茄子，并按照七里茄子生产控制技术规范种植的基地（农户），在产品和包装上使用已获得的七里茄子地理标志，需向登记证书持有人提出申请，并签订相关合同，按照相关要求规范生产和使用标志，统一采用产品名称和农产品地理标志公共标识相结合的标识标注方法。县级以上人民政府农业行政主管部门对七里茄子地理标志负有监督管理职能，定期对登记的七里茄子地理标志的地域范围、标志使用等进行监督检查。鼓励单位和个人对七里茄子地理标志使用进行社会监督。使用本地理标志的生产经营者，对产品的质量和信誉负责，违反本规定的，依照《中华人民共和国农产品质量安全法》等有关规定处罚。